ÉLÉMENTS

DE

GÉOLOGIE

PAR

V. RAULIN

PROFESSEUR A LA FACULTÉ DES SCIENCES DE BORDEAUX

OUVRAGE RÉDIGÉ CONFORMÉMENT

aux programmes officiels

POUR L'ENSEIGNEMENT SECONDAIRE SPÉCIAL

(TROISIÈME ANNÉE)

et contenant 22 figures intercalées dans le texte

PARIS

LIBRAIRIE HACHETTE ET Cie

79, BOULEVARD SAINT-GERMAIN, 79

ÉLÉMENTS
DE GÉOLOGIE

PARIS. — TYPOGRAPHIE LAHURE
Rue de Fleurus, 9

ÉLÉMENTS

DE

GÉOLOGIE

PAR

V. RAULIN

PROFESSEUR A LA FACULTÉ DES SCIENCES DE BORDEAUX

OUVRAGE RÉDIGÉ CONFORMÉMENT

aux programmes officiels

POUR L'ENSEIGNEMENT SECONDAIRE SPÉCIAL

(TROISIÈME ANNÉE)

et contenant 22 figures intercalées dans le texte

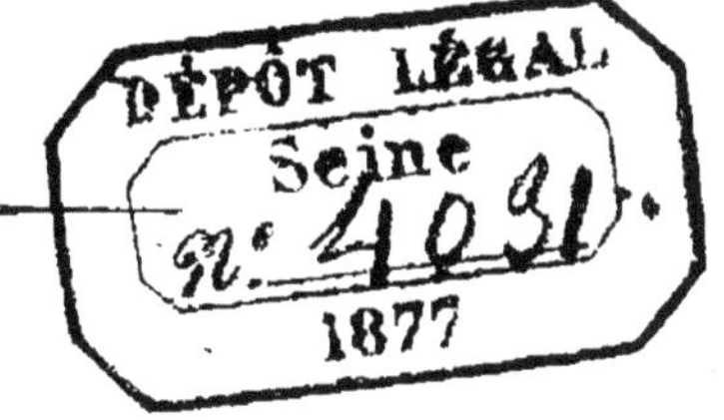

PARIS

LIBRAIRIE HACHETTE ET Cie

79, BOULEVARD SAINT-GERMAIN, 79

1877

ÉLÉMENTS

DE

GÉOLOGIE

(TROISIÈME ANNÉE)

CHAPITRE I.

APERÇU GÉNÉRAL DES TERRAINS NON STRATIFIÉS.

Phénomènes ignés actuels. — Ainsi qu'on l'a vu dans les chapitres VII et IX de l'*Année préparatoire* relatifs aux volcans et à la cristallisation artificielle, les matières fondues par l'action d'une chaleur naturelle ou artificielle passent à l'état solide lorsqu'ils peuvent se refroidir. Pour les matières pierreuses, si le refroidissement est très-rapide, elles prennent un état plus ou moins vitreux ; si celui-ci est moins rapide, elles deviennent compactes ou à peines grenues ; enfin, s'il est très-lent, elles deviennent grenues ou lamelleuses, cristallines ou cristallisées, en un mot. Les matières métalliques ne deviennent pas vitreuses, mais elles prennent les deux autres états, suivant la rapidité du refroidissement.

Dans les volcans, les matières pierreuses à l'état de liquéfaction ignée, qui arrivent de l'intérieur dans le cratère, se répandent au dehors sous diverses formes :

tantôt elles sont projetées en petites parties dans l'air, s'y refroidissent et retombent déjà solidifiées en formant, suivant leur volume, les bombes, les lapilli et les cendres; tantôt elles s'épanchent en formant des nappes qui s'étendent plus ou moins loin, occupent des surfaces plus ou moins étendues et acquièrent des épaisseurs plus ou moins considérables : ce sont les coulées de laves.

Les matières meubles retombent en grande partie autour du cratère et forment en très-grande partie le cône du volcan sur lequel descendent les coulées presque sans s'y arrêter ; ce n'est que dans les parties basses que l'on rencontre des assises alternatives de laves et de parties meubles, occasionnées par la chute sur place de ces dernières, ou bien parce que les matières du cône, entraînées par les pluies et les torrents, sont venues s'y déposer en assises alternatives plus ou moins régulières.

Il arrive aussi que les matières fondues, au lieu d'occasionner de véritables volcans ayant une suite plus ou moins grande d'éruptions, s'échappent par des crevasses du sol ; elles occasionnent ainsi, au-dessous de celui-ci, de simples filons, et à la surface des épanchements de laves plus ou moins circonscrits, ou des coulées plus ou moins grandes.

En outre, dans le voisinage des volcans il y a parfois des dégagements de divers gaz et de soufre, occasionnant les solfatares et des altérations plus ou moins profondes des roches; ou bien des sources chaudes diversement minéralisées.

Des températures plus élevées dans les profondeurs, comparées à celles de la surface, sont aussi accusées dans les contrées non volcaniques, par les sources thermales, comme dans les chaînes des Alpes et des Pyrénées, et ainsi qu'il a été dit dans l'*Année préparatoire*, chapitre VI, par les sondages artésiens qui, à des profondeurs connues, nous montrent l'accroissement de température du sol, et nous amènent à la conclusion d'une température toujours croissante et d'une chaleur centrale du globe, dont les volcans sont actuellement la manifestation la plus puissante, et qui a dû se présenter aux époques plus anciennes avec une force encore supérieure.

Phénomènes ignés anciens. — Ceux qui se passent pendant la période actuelle ont eu lieu pendant les périodes antérieures. Mais si certains volcans, comme le Vésuve et l'Etna actuels, ne sont qu'une continuation de phénomènes qui ont pris naissance pendant les périodes antérieures, il est d'autres massifs, comme le Cantal et le mont Dore, qui ont une forme, une structure et une composition analogues, mais qui ne sont plus le siége d'éruptions. Ce sont d'anciens volcans éteints qui ont été dégradés, démantelés plus ou moins fortement par les agents atmosphériques, qui agissaient comme aujourd'hui, mais avec beaucoup plus d'intensité.

A diverses époques plus anciennes, correspondent d'autres matières qui affectent la forme de simples épanchements, produits vraisemblablement chacun pendant un temps relativement court. Ils sont formés par des roches massives, non scoriacées, dont les formes extérieures, profondément modifiées par les agents atmosphériques, n'offrent rien de commun avec celles des volcans proprement dits.

Telles sont les roches ignées secondaires, les serpentines, diorites, etc.; celles des terrains de transition, les porphyres divers, et celles qui sont sorties avant l'établissement des mers à la surface du globe, c'est-à-dire pendant la formation des parties stratifiées les plus inférieures qui nous sont accessibles, celles des terrains primitifs, en un mot, les granits et autres roches massives analogues.

L'étude des volcans actuels et éteints, des roches massives d'éruption antérieures et aussi des roches stratifiées cristallines les plus inférieures, permet de regarder comme très-probable, on peut dire certain, l'état fluide, par fusion ignée, du globe à l'état primitif.

Le gisement ou la manière d'être de ces roches, les

unes par rapport aux autres et aussi par rapport aux roches stratifiées, fournit les indications les plus certaines sur leur âge relatif. En effet, il est incontestable que les roches massives qui en traversent d'autres, soit massives, soit stratifiées, sont plus récentes qu'elles ; et d'autre part les roches, soit massives, soit stratifiées, qui renferment des fragments ou des cailloux d'autres roches massives, sont plus récentes que ces dernières. L'examen, dans diverses contrées, des relations des roches massives ignées entre elles ou avec les roches stratifiées, détermine d'une manière suffisamment approximative et rigoureuse leur âge relatif ou géologique.

Les époques auxquelles les différentes roches ignées sont sorties de l'intérieur de la terre sont très-diverses, et il s'est produit une succession normale de roches qui a éprouvé peu d'interversions. Les matériaux, d'abord très-siliceux et surchargés de quartz libre, ont fini par être moins siliceux et n'en plus renfermer à l'état d'isolement.

Toutes ces roches, en raison de leur origine ignée, sont dépourvues de fossiles (à l'exception de celles qui postérieurement à leur sortie ont pu être remaniées et déposées dans le sein des eaux). Mais elles sont souvent riches en minéraux plus ou moins variés et remarquables, qui se trouvent tantôt disséminés dans les roches elles-mêmes, soit qu'ils s'y soient formés au moment du refroidissement et de la consolidation de celles-ci, soit qu'ils aient été produits postérieurement dans leurs cellulosités, à la suite de la décomposition occasionnée par les agents atmosphériques ou de réactions chimiques changeant leur nature plus ou moins profondément et produisant ce qu'on appelle le *métamorphisme*.

Certaines espèces minérales associées à un très-petit nombre d'autres forment aussi des gîtes spéciaux, comme certains minerais de fer, de zinc, etc.

D'autres fois les minéraux étrangers aux grandes masses du terrain se trouvent dans des filons d'âge plus ou

moins différent qui traversent, soit les roches ignées,
soit les roches stratifiées moins anciennes. Ces filons ne
sont autre chose que des crevasses ou fentes qui ont été
remplies postérieurement à leur formation par des matières, soit en fusion, qui se sont refroidies, soit réduites
en vapeur, qui se sont condensées, soit en dissolution
dans des eaux thermales et minérales qui les ont déposées.

« A toutes les époques de l'histoire du globe, dit
M. Élie de Beaumont, les phénomènes éruptifs ont donné
des produits appartenant à deux classes : ceux qui sont
volcaniques à la manière des laves, arrivés à l'état de
fusion, et ceux qui sont *volcaniques à la manière du
soufre, du sel ammoniac*, etc., déposés par volatilisation
ou entraînés à l'état moléculaire. Si on remonte le cours
des périodes géologiques, on voit les premiers devenir de
plus en plus *riches en silice*. On voit en même temps les
seconds devenir de plus en plus variés. Dans l'état actuel
de la nature, les deux classes de produits sont presque
complétement distinctes ; mais à l'origine des choses,
elles l'étaient beaucoup moins.

« On est conduit à concevoir qu'au moment où la surface du globe terrestre en fusion a commencé à se refroidir, les différents corps simples s'y trouvaient répandus
sans aucun ordre déterminé. Tout semble avoir été confondu dans ce *chaos primitif* où les premières masses
granitiques ont pris naissance ; mais peu à peu les *matières éruptives* sont devenues moins siliceuses, et les
émanations volatiles qui à l'origine renfermaient presque tous les corps simples sont devenues de plus en plus
pauvres. »

CHAPITRE II.

Le peu qu'il y aurait à ajouter à ce qui a été dit dans l'*Année préparatoire*, p. 91 à 96, sur les volcans en général, se trouvera dans la description de leurs produits, et dans celle de divers volcans de l'Islande, de la Réunion, du Mexique et du Pérou.

Produits des volcans. — Les matières liquides sorties par les orifices des volcans sont désignées généralement par le nom de *laves*, mais elles présentent diverses modifications qui ont reçu des noms particuliers.

Basalte. — Labradorite et pyroxène avec nigrine, formant une pâte compacte noire, assez souvent porphyroïde par la présence de cristaux des deux premiers. En coulées souvent divisées en prismes verticaux ou perpendiculaires aux surfaces, par suite du retrait pendant le refroidissement. Est une des principales roches volcaniques : Auvergne, bords du Rhin inférieur, Etna, Islande, île de la Réunion.

Amphigénite. — Basalte dans lequel le labradorite est en grande partie remplacé par l'amphigène, qui souvent aussi le rend porphyroïde. Forme une grande partie des laves des massifs du Vésuve et des États-Romains.

Péridotite. — Mélange de péridot et de pyroxène avec labradorite ; compacte ou porphyroïde par la présence de grains de péridot ; noirâtre. En coulées dans les roches volcaniques ; Auvergne, Ténériffe, la Réunion.

Gallinace. — Basalte à un état vitreux, assez imparfait, se trouvant parfois à la base des coulées basaltiques. Vicentin, Islande, la Réunion, Iles Hawaï.

Scorie. — Basalte scoriacé accompagnant les coulées de

basalte compacte et formant seul des coulées et des accumulations de matériaux lancés en l'air pendant les éruptions volcaniques. Auvergne, bords du Rhin inférieur, Vésuve, Etna.

Cendre volcanique. — Matières pulvérulentes, lancées pendant les éruptions. Tous les volcans modernes et anciens.

Islande. — L'aspect désolé de cette île est dû tout autant aux énormes amas de débris volcaniques qui en couvrent la surface, qu'aux immenses glaciers qui descendent des montagnes stériles, et aux plaines marécageuses où peut-être s'élevaient les anciennes forêts dont les habitants montrent les débris. Depuis l'an 1000 on y a compté près de cinquante grandes éruptions, dont quelques-unes ont inondé de lave, de cendres, de scories, la surface du pays, et décimé la population.

Le mont Hécla, situé dans la partie sud de l'île, à peu de distance du rivage, est surtout remarquable par la fréquence de ses éruptions, qui ont souvent coïncidé avec celles du Vésuve ou de l'Etna. Le violent paroxysme de 1766 répandit sur toute la contrée environnante une épaisse couche de débris. La pluie de cendres s'étendit jusqu'à 240 kilomètres, et l'air en était si obscurci qu'on ne pouvait distinguer les objets dans une grande partie de l'île. Peu après, un torrent de lave déborda du cratère, il fut bientôt suivi par une immense colonne d'eau jaillissante, qui vint ajouter ses ravages à ceux de l'éruption ignée.

En 1845, le sommet du volcan fut dispersé par les explosions, et la montagne perdit 150 mètres de sa hauteur. Le courant de lave, dans cette dernière éruption, atteignit une distance de 15 kilomètres, son épaisseur variant de 15 à 25 mètres. Quoique d'énormes coulées de lave aient ainsi couvert une grande partie du sol de l'Islande, les pluies de cendres et de scories provenant des nombreux cratères qui ont été en éruption depuis la période historique paraissent avoir surtout stérilisé la contrée, à laquelle nulle autre région de l'Europe ne peut être comparée, sous le rapport de l'activité volcanique. Dans ces hautes latitudes, chaque éruption amène aussi la fonte d'énormes amas de neige et de glace, et il en résulte qu'une grande partie des formations de l'Islande consiste en conglomérats, formés par la débâcle tumultueuse de torrents se précipitant des points d'éruption et entraînant des quantités de matières alluviales, dispersées confusément et en désordre dans les régions les plus basses, comblant certaines vallées et en creusant d'autres.

Les volcans ou *jokulls* de l'Islande sont situés sur deux lignes parallèles, traversant l'île du nord-est au sud-ouest et laissant entre elles une profonde fissure qui a donné naissance aux immenses quantités de laves dont l'Hécla, le Kotlugaia, le Sneifels, le Skaptar, etc., sont entourés. En 1783, ce dernier volcan vomit deux énormes torrents qui s'étendirent à une distance de 65 à 80 kilomètres, sur une largeur de 12 à 24. La profondeur de la lave était par endroit de 150 mètres, et on a calculé que la masse déposée par cette seule émission, une des plus considérables qui soient connues, devait dépasser le volume du Mont-Blanc. La lave jaillit de diverses sources ouvertes au pied du Skaptar-Jokull, et placées dans la direction d'une fissure formée par la pression de bas en haut des matières ignées. Sur le prolongement de cette ligne, à une distance de 30 milles et pendant l'éruption, une île, qui a depuis disparu, sortit subitement de la mer.

Le Skaptar-Jokull s'élève sur un vaste espace inaccessible, désert de lave et de glace, d'où est descendu le plus épouvantable fléau qui ait ravagé l'île.

Cet événement eut lieu en 1783. L'hiver et les premiers jours du printemps avaient été d'une douceur inaccoutumée. Vers la fin de mai, un léger brouillard bleuâtre commença à flotter autour de la ceinture vierge du Skaptar. Son apparition fut accompagnée, dans le commencement de juin, par un fort tremblement de terre. Le 8 du même mois, d'immenses colonnes de fumée, réunies dans la partie nord de cette région montagneuse, se mirent en mouvement dans la direction du sud, marchant contre le

Fig. 1. Le mont Hécla.

vent, et enveloppèrent de ténèbres tout le district de Sida.
Un tourbillon de cendres s'abattit alors sur la face de la
contrée, et le 10, d'innombrables jets de flamme étaient
vus jaillissant et serpentant au milieu des précipices gla-
cés de la montagne, pendant que la rivière Skapta, une
des plus larges de l'île, après avoir roulé dans la plaine
un immense volume d'une fétide bouillie d'eau et de poussière volcanique, disparaissait tout à coup.

Deux jours après, un courant de lave, issu de sources
dont aucun pied mortel n'a foulé les abords, vint se précipiter dans le lit de la rivière desséchée, et en peu de
temps, quoique ce chenal béant ne présentât pas moins
de 600 pieds de profondeur sur 200 de large, le déluge
de feu surmonta ses rives, traversa la basse contrée de Mé-
dalland et, roulant devant lui comme une nappe le sol
tourbeux de la plaine, vint se jeter dans un grand lac dont
les eaux vaporisées au contact de cette brûlante invasion
s'évanouirent en bouillonnant et en sifflant dans les airs.

Ayant comblé entièrement, en peu de jours, le vaste
bassin du lac, l'inépuisable torrent reprit sa marche ; mais
divisé cette fois en deux courants, il alla avec l'un recou-
vrir d'anciens champs de lave, et, se rejetant avec l'autre
dans le lit de la Skapta, il s'élança en cascades de feu du
haut des cataractes de Stapafoss. Ce n'est pas tout : pendant qu'un fleuve de lave avait choisi la Skapta pour son
lit, un autre, descendant dans une direction différente,
ravageait les deux rives du Heversfisfliot, et se précipitait
dans la plaine avec plus de fureur et de rapidité que le
premier. Il est impossible de savoir si tous deux sortaient
du même cratère, car le creuset d'où ils s'épanchèrent
était situé au cœur même d'un inaccessible désert, et on
ne peut mesurer la puissance de cet épanchement de matières ignées qu'à partir du point où il atteignit les districts habités. On calcule que le courant qui combla la
Skapta a environ 50 milles de long sur 12 à 15 dans sa
plus grande largeur, et que celui qui suivit le cours du
Heversfisfliot forme une zone de 50 milles sur 7. Là où

elle fut emprisonnée entre les hautes berges de la Skapta, la couche de lave atteint 5 et 600 pieds d'épaisseur, et en conserve près d'une centaine dans la plaine même. L'éruption de poussière, de cendres, de ponces et de laves, continua jusqu'à la fin d'août, époque où ce drame plutonien se termina par un violent tremblement de terre.

Pendant une année entière, dit Arago, à la suite de cette éruption, l'atmosphère de l'Islande se trouva mêlée à des nuages de poussière que pénétraient à peine quelques rayons de soleil.

La Réunion. — L'île fut d'abord formée d'un cratère principal au centre de la partie N.-O ; après au moins deux grandes perturbations, le centre d'action fut déplacé et reporté dans la partie S. E., où se trouve encore le cratère principal actuel. Mais outre ces points principaux, il a successivement surgi sur toute la surface de l'île, depuis le bord de la mer jusqu'aux sommets les plus élevés, une foule de cratères secondaires, qui ont déversé des laves dans toutes les directions ; très-peu de ces volcans ont conservé leurs cratères complets.

Éruption de 1860. — Dans la nuit du 22 au 23 janvier, la lave est sortie du cratère sans secousse ni bruit, et s'est arrêtée quelques heures après. Le 27 au soir elle déborde du cratère et arrive à la base du cône central. Les 1er, 3 et 5 février, débordements de plus en plus faibles. Le 7, la lave sort en abondance. Du 7 au 10 le cratère brûlant lance des fils vitreux que le vent porte jusqu'à Saint-Pierre à 25 kilomètres à l'O. S. O.

Le phénomène des fils volcaniques n'est pas rare à la Réunion. En 1812, toute la colonie en fut couverte, et à chaque coulée importante les voyageurs en ont trouvé aux environs du cratère, au milieu des matières vitreuses, que le volcan lance sous forme de scories, et pour ainsi dire d'écume. Les matières en fusion lancées dans l'atmosphère s'y étirent comme le verre à la lampe d'émailleur, et on voit souvent de ces fils tenant encore au fragment de scorie dont ils avaient été formés.

Le 14 février, la lave qui ne sortait plus que d'un point s'arrête à un kilomètre au-dessus de la route et se refroidit ; le cratère ne fournit plus de laves, mais il s'en échappe toujours des lueurs très-vives. Le 17, une deuxième coulée très-abondante s'ouvre une issue près de la précédente, au sommet des grandes pentes, et arrive à leur pied ; le 19 elle va en s'affaiblissant et s'arrête le 2 mars. Une troisième coulée s'y fait jour le 11 et s'arrête le 17. Sauf la masse de laves, encore rouge la nuit, et qui se trouve amassée au pied des grandes pentes, il n'existe plus au volcan aucune trace lumineuse des coulées précédentes.

Nous arrivons maintenant à la partie la plus intéressante de cette éruption. Le 19 mars, à la suite d'un jet de vapeurs et d'étincelles, après un bruit sourd, semblable au roulement d'un lourd chariot, de tous les points de la colonie on a vu s'élever du cratère un gros nuage noir qui est resté d'abord stationnaire. Un jet presque constant de matière pulvérulente sortit ensuite, et augmenta le volume du nuage. Ce jet était mêlé de fragments lumineux qui allaient se perdre dans le nuage et paraissaient retomber ensuite sur le sol. De vives lueurs illuminaient de temps en temps la masse noire ; elles ont été suivies, à plusieurs reprises, d'un roulement semblable à celui qui avait précédé l'éruption. Peu après sa formation, le nuage s'est divisé en deux parties, dont l'une s'est dirigée sur Sainte-Rose au N. et l'autre sur Saint-Philippe au S. E. et Saint-Joseph au S.S.O. Ces phénomènes ont duré jusqu'à minuit environ avec plus ou moins d'intensité. Le lendemain matin, les quartiers Saint-Joseph et Saint-Philippe étaient couverts d'une faible couche de poudre grisâtre, semblable à de la cendre. A Sainte-Rose, cette poudre est tombée d'abord plus grosse qu'à Saint-Philippe ; les grains trouvés près du Bois-Blanc avaient même généralement plus d'un millimètre de diamètre ; mais à la fin de l'éruption la poudre était aussi fine qu'à Saint-Philippe.

Des cavernes doivent aussi leur existence aux érup-

tions volcaniques. On sait que les coulées de lave se
refroidissent assez rapidement à leur surface ; il n'en est
pas de même à l'intérieur, où il n'est pas rare de voir
la lave couler dans des conduits souterrains, plusieurs
jours après que la croûte en est assez refroidie pour permettre au voyageur de la traverser sans danger. Il se
forme alors des canaux plus ou moins réguliers qui conduisent la lave à la partie inférieure de la coulée, où elle
continue encore à se faire jour. Alors, la lave cessant
d'arriver par la partie supérieure du canal, et perdant en
même temps sa chaleur et sa fluidité, se fige, et forme
dans la partie inférieure du conduit un plan horizontal.
Or, si, par un cas fortuit, la croute plus mince dans un
point quelconque vient à se crever, on peut s'introduire
dans le souterrain et le visiter dans toute sa longueur, qui
est souvent très-considérable. Le trou Delcy ou de Bory,
à Saint-Philippe, est un exemple de ce fait ; mais la plus
belle caverne de ce genre visitée par Maillard est celle de
l'habitation Dejean, à Saint-Benoît ; elle est régulière,
d'un diamètre de quatre à cinq mètres et d'une longueur
de plusieurs centaines de mètres, terminée à sa partie inférieure par le plan de lave refroidie, et en haut par un
éboulement qui empêche de la remonter plus loin. — Ce
sont aussi ces cavernes qui rendent si dangereux les
voyages au volcan par le pays Brulé, parce qu'il arrive
souvent que la lave se crève sous le touriste, et qu'il disparaît en partie dans des vides qu'il ne pouvait prévoir.

Jorullo. — Tous les pics qui composent le système du
Mexique paraissent alignés comme s'ils étaient sortis par
une crevasse unique, longue de 90 milles, dans une direction perpendiculaire à celle de la grande chaîne de montagnes qui traverse le Mexique du Nord au Sud. Ce parallèle de volcans, comme l'appelle de Humboldt, n'oscille
que de quelques minutes autour du parallèle géogra-
phique de 19°. On a remarqué, en outre, qu'en prolon-
geant cette ligne de 110 milles, à l'Ouest des côtes de
l'Océan Pacifique, elle rencontre les îles Revillagigedo,

dans le voisinage desquelles surnagent des pierres ponces en grande quantité, et que plus loin elle aboutirait au grand volcan de Mauna-Roa, dans une des îles Sandwich.

Des six volcans mexicains, l'Orizaba, le Toluca, le Tuxtla, le Popocatepetl, le Jorullo et le Colima, les quatre derniers sont encore en activité, ou ont eu des éruptions dans les temps historiques. En outre, sur le plateau où ils s'élèvent, on trouve en plusieurs endroits, à la surface du sol, de vastes champs de lave entièrement déserts, auxquels les habitants donnent le nom significatif de *Malpays*, et qui témoignent de l'extrême énergie des forces souterraines.

Entre les volcans Toluca et Colima, mais à une distance de 15 myriamètres de chacun d'eux, apparut tout à coup, en 1759, un volcan nouveau haut de plus de 500 mètres. Ce phénomène, presque contemporain, rappelle les révolutions des périodes primitives de notre planète, et présente le plus grand intérêt pour la science. De Humboldt en a fait une étude très-complète, dans laquelle il a réuni à l'observation des lieux tout ce que les traditions conservées dans le pays, sur cette terrible catastrophe, renferment de plus important. Sur la pente occidentale du plateau mexicain s'étendent les vastes plaines de la province de Méchuacan, qui jouissent d'un climat tempéré, à cause de leur élévation à 800 mètres au-dessus de la mer, et sont renommées par leurs belles plantations. Entre deux petits cours d'eau, appelés Cuitimba et San Pedro, on voyait, jusqu'au milieu du dernier siècle, les champs cultivés en coton, en cannes à sucre et en indigo d'une des plus riches *haciendas*, ou propriétés rurales de la contrée.

A partir du 29 juin 1759, des bruits souterrains effroyables et de nombreuses secousses de tremblements de terre se succédèrent pendant deux mois, plongeant les habitants dans la consternation. Le calme sembla être revenu au commencement de septembre, mais bientôt les signes sinistres apparurent de nouveau. Le 28, on observa

Fig. 2. Le Jorullo.

un phénomène qui d'ordinaire marque plutôt la fin que le commencement des éruptions. Des ouvriers étaient allés faire une récolte dans un bois de goyaviers qui existait à l'endroit où le Jorullo s'élève aujourd'hui. Quand ils revinrent à la métairie, on remarqua avec surprise que leurs chapeaux étaient couverts de cendres volcaniques. Des crevasses s'étaient donc déjà ouvertes dans le voisinage. En même temps, les ébranlements souterrains devinrent de plus en plus violents, et dans les premières heures de la nuit la cendre atteignait un pied de haut.

Tout le monde, dit de Humboldt, se réfugia sur les hauteurs d'Aguasarco, petit village indien, situé à 2160 pieds au-dessus du plateau du Jorullo. De là on vit, telle est du moins la tradition, une vaste étendue de pays en proie à une effroyable éruption de flammes, et au milieu de ces flammes apparut, comme un château noir, une butte immense et sans forme, suivant les expressions des témoins oculaires. L'espace bouleversé comprend plus de 3 milles carrés. Aux quartiers de roc, aux scories et aux cendres lancés dans les airs, se joignait une émission d'eau boueuse et d'énormes jets de vapeur. Le volcan surgit à peu près au milieu de la contrée, ainsi transformée en *malpays ;* il se compose de six cônes de différentes grandeurs, dont le plus élevé porte le nom de Jorullo.

Les deux ruisseaux par lesquels le pays était arrosé disparurent dans une profonde crevasse de la partie orientale. Ils traversent sans doute maintenant des conduits volcaniques souterrains, car on les voit reparaître à l'Ouest, en un point éloigné de leur ancien lit, formant deux cascades dont les eaux ont une température élevée.

Des milliers de petits cônes d'éruption sont semés assez régulièrement sur toute l'étendue du malpays. Ils ont, en moyenne, de 4 à 9 pieds de hauteur, la fumée s'en échappe par des ouvertures latérales et non par le sommet. De là le nom de *hornitos* (petits fours) que leur donnent les habitants.

On a constaté que les six cônes du groupe du Jorullo

sont distribués sur une faille longue de près de 3 kilomètres, et dirigés de manière à couper à angle droit la ligne d'une mer à l'autre par les grands volcans du Mexique. Ces cônes restèrent en pleine éruption pendant une année environ, mais leur activité diminua ensuite rapidement. Aujourd'hui il y a à peine quelques dégagements de vapeur dans leurs cratères, dont la plupart sont comblés par des scories.

Carguairazo. — Les volcans rejettent aussi des matières à l'état de fluidité aqueuse, mais il paraît que l'eau et la boue que l'on voit souvent couler sur leurs flancs, lors des éruptions, sont le plus ordinairement le résultat de phénomènes météorologiques qui se passent à l'extérieur, ou de la fonte des neiges occasionnée par le développement de la chaleur. D'autres fois, l'eau et la boue proviennent de cavernes superficielles qui sont comblées par suite de l'agitation du sol. C'est ainsi que de Humboldt rapporte que le 19 juin 1698, lorsque le pic de Carguairazo s'affaissa, tout le pays d'alentour fut couvert d'une boue argileuse qui renfermait de petits poissons (*Pimelodus cyclopum*), et qu'en 1691 le volcan presque éteint d'Imbaburu vomit une si grande quantité de ces poissons, que les fièvres putrides qui régnèrent à cette époque furent attribuées aux miasmes qu'exhalaient ces animaux. Du reste, nous sommes loin de prétendre que les volcans ne rejettent pas des matières boueuses provenant d'une grande profondeur, car, comme les laves contiennent beaucoup d'eau ainsi que le prouvent les vapeurs qui s'en dégagent pendant leur refroidissement, émanations qui durent quelquefois des années, il n'est point impossible que les forces qui donnent naissance à cette union de l'eau avec la matière des laves ne donnent également naissances à de véritables boues. Peut-être que l'on peut voir une éruption de ce genre dans celle rapportée par de Humboldt comme ayant enseveli, le 4 février 1797, le village de Péliléo, près de Rio-Bamba, sous une masse de boue noirâtre désignée sous le nom de *moya*.

Il paraît que l'on ne peut pas non plus nier l'existence de véritables éjaculations d'eau liquide venant de l'intérieur ; telle serait notamment celle qui a eu lieu au Gelang-Gung, dans l'île de Java, lors de l'éruption de 1822 qui a fait périr plus de 2000 personnes et où l'on a vu, d'après le rapport de Van der Boon Masch, sortir des flancs de la montagne de nombreux torrents d'eau chaude sulfureuse.

Distribution des volcans. — Les volcans ont des dimensions très-variables : bientôt ils sont forts grands et résultent de l'accumulation des matières produites par un grand nombre d'éruptions successives, comme le Vésuve, l'Etna ; tantôt ils sont petits et le résultat d'une seule éruption, comme le Jorullo au Mexique et bon nombre des volcans éteints d'Auvergne.

Les volcans sont dits *éteints* lorsque leurs éruptions ont été antérieures aux temps historiques et *brûlants* lorsque celles-ci sont contemporaines de ces temps.

Les volcans éteints se trouvent sur beaucoup de points de l'intérieur des continents, soit qu'ils appartiennent à la période des terrains d'alluvion, comme ceux de l'Auvergne, soit qu'ils appartiennent à la fin de la période tertiaire, comme ceux de l'Allemagne centrale et de la Hongrie.

Sur certains points, sur certaines lignes, les volcans, tant éteints qu'actuels, sont accumulés en grand nombre, comme en Auvergne, dans l'intérieur de l'Allemagne, dans la chaîne des Andes, tandis que de vastes espaces, comme la Russie, les États-Unis, le Brésil, en sont complétement dépourvus. Les volcans se trouvent tout aussi bien dans les pays de plaines (Vésuve) que sur les plateaux (Auvergne), et dans les montagnes (Andes).

Les volcans brûlants sont au nombre d'environ 400, tant ceux qui sont le siége de fréquentes éruptions que ceux qui, en repos aujourd'hui, ont eu des éruptions dont le souvenir s'est conservé. Ils sont répartis soit dans les îles, soit dans les continents, mais à peu de distance des côtes. Aucun volcan brûlant bien avéré n'a encore été rencontré dans l'intérieur des continents, à l'exception de celui que des documents chinois placent dans la Mandchourie à plus de 100 myriamètres de la mer, et de ceux plus douteux encore de la Perse et de l'Arménie.

Dans une énumération et une distribution complète des volcans, il faudrait tenir compte de tous ceux qui appartiennent à la période géologique actuelle, tant éteints que brûlants ; mais il y en a beaucoup d'éteints qui sont encore inconnus. On peut toutefois, dès maintenant, établir trois grandes bandes à peu près rectilignes qui comprennent les neuf dixièmes (360) des volcans connus. Ceux qui forment l'autre dixième (40) sont irrégulièrement répartis, çà et là, pour la plupart très-disséminés ; on peut les distribuer en cinq appendices.

1º *Bande Atlantique.* — Alignée du N. au S., formée de six groupes insulaires et terminée à ses deux extrémités par un volcan unique. — 15 volcans.

2º *Bande Méditerranéo-Pacifique.* — Dirigée de l'O. N. O. à l'E. S. E., formée de plusieurs groupes très-serrés dans la partie centrale et très-espacés aux extrémités. — 95 volcans.

3º *Bande Asiatico-Américaine.* — Formée d'un grand nombre de groupes dirigés du S. O. au N. E. et du N. O. au S. E. C'est un arc de grand cercle qui borde l'océan Pacifique sans toutefois coïncider avec celui qui partage la terre en deux hémisphères, l'un terrestre et l'autre maritime ; ses extrémités, dans les Philippines et au Chili, dévient pour se rapprocher ; il est rejeté un peu à l'E., de manière, vers l'O., à passer par la série d'îles qui est au devant de l'Asie, et vers l'E. à former une série de pics qui hérissent la crête des Andes. — 246 volcans, dont 96 en Asie et 150 dans les deux Amériques.

Le tableau suivant donne l'indication des principaux groupes volcaniques appartenant à chacune des trois bandes, avec le nombre approximatif des orifices connus :

1° BANDE ATLANTIQUE.

Ile Jean-Mayen	1	Canaries	2
Islande	7	Iles du Cap-Vert	1
Açores	3	Ascension	1

2° BANDE MÉDITERRANÉO-PACIFIQUE.

Méditerranée.
- Catalogne 1
- Italie 3
- Grèce 1
- Arménie? Perse?.... 3

Inde. Pondichéry 1

Iles de la Sonde.
- Presqu'île Malaise... 4
- Sumatra 8
- Java 40
- Iles orientales de la Sonde........... 9
- Iles Moluques mérid. 7

Au nord du l'Australie.
- Nouvelle-Guinée 4
- Nouvelle-Bretagne... 2
- Iles Salomon et Santa-Cruz.............. 2
- Nouvelles-Hébrides.. 3

Océan Pacifique.
- Iles des Amis....... 4
- Iles Kermadec 1
- Taïti 1
- Ile de Pâques 1

3° BANDE ASIATICO-AMÉRICAINE.

Iles Asiatiques.
- Iles Moluques sept... 10
- Philippines......... 21
- Formose 4
- Japon.............. 23
- Iles Kouriles........ 17
- Kamtschatka 21

Amérique du Nord.
- Iles Aléoutes........ 30
- Presqu'île d'Alaska.. 5
- Près d'Alaska....... 1
- Nouveau-Norfolk.... 4
- Orégon............. 3
- Californie 2
- Mexique............ 7
- Guatemala 40

Amérique du Sud.
- Equateur........... 17
- Bolivie............. 13
- Chili............... 25
- Terre-de-Feu 1
- Nouveau-Shetland du Sud.............. 2

Les cinq appendices comprennent les autres volcans disséminés et comme perdus à la surface du globe. Deux (A,B) sont situés au N. de la bande Méditerranéo-Pacifique; un (C) sur la ligne de raccordement de ses deux extrémités, et deux (D,E) au S. :

Appendice A
- Khiva........ 1
- Thian-Schan.. 3
- Sibérie....... 2
- Chine........ 3
- Bornéo....... 1

Appendice B
- Iles Bonin-Sima 7
- Iles Mariannes. 4
- Iles Hawaï..... 1
- Iles Gallapagos 2

Appendice C Antilles 10

Appendice D
- Arabie 2
- La Réunion... 1

Appendice E
- Nlle-Zélande.. 2
- Terre-Victoria. 1

CHAPITRE III.

Aux phénomènes des volcans se rattachent, comme il a été dit dans l'*Année préparatoire*, chap. VIII, p. 107-111, les Solfatares, les Geysers, les Soffioni et Lagoni et aussi les Moffettes et certains Grisous. Il ne semble utile d'ajouter des détails que sur les solfatares.

Pour les sources thermales et les puits artésiens il suffirait presque de recourir à ce qui a déjà été dit au chap. VI, p. 84-86 : aussi sera-t-il donné des détails seulement sur une source très-remarquable d'Algérie.

Solfatare de Pouzzoles. — Presque tous les volcans, dit M. Coquand, donnent du soufre ; les volcans de l'Islande, ceux des Cordillères surtout, en produisent des quantités très-considérables. Suivant Dufrénoy, il s'y sublime constamment à travers certaines fissures ; on profite même de cette circonstance pour recueillir ce minéral, en pratiquant, au-dessus des points où les vapeurs de soufre se dégagent, des cavités dans lesquelles ce minéral se condense et se volatilise. Les anciennes bouches volcaniques qui ont reçu le nom de solfatares le doivent à cette circonstance. A Pouzzoles, le soufre se condense en quantité considérable dans le sable qui recouvre le cirque formant l'intérieur du cratère. On enlève ce sable jusqu'à la profondeur de 10 mètres (plus bas la température est trop élevée pour qu'on puisse y travailler), on le soumet ensuite à la distillation pour en retirer le soufre qu'il contient. On exploite successivement le sable qui recouvre tout le cirque, et on rejette dans les tranchées celui qui a été appauvri. La sublimation du soufre se faisant d'une manière continue, le sable se recharge de cette substance, et au bout de vingt-cinq à trente ans, il s'est assez enrichi pour qu'on le soumette à une nouvelle distillation.

Breislak admet que le soufre de la plupart des solfatares, et notamment celui qui se sublime dans celle de Pouzzoles, provient également de la décomposition du gaz sulfhydrique. Les dégagements considérables de ce gaz, qui ont lieu aux environs de cette montagne, ajoute Dufrénoy, donnent quelque vraisemblance à cette opinion. Les observations nombreuses faites pendant six années consécutives, dans la solfatare de Péreta, par M. Coquand, continuent pleinement le sentiment de Breislak. En effet tout le soufre qu'on retire de cette partie de la Toscane provient de la décomposition du gaz sulfhydrique ; il serait difficile de comprendre comment à Péreta et à Pouzzoles, le soufre, s'il arrivait sublimé au contact de l'air, ne se serait pas combiné avec lui et n'aurait pas été transformé en acide sulfureux ; or, la présence de l'acide sulfureux n'y a jamais été constatée ; les ouvriers, à une certaine profondeur, ne sont incommodés que par la chaleur. On voit donc que son origine est la même dans les solfatares que dans certaines eaux sulfureuses qui déposent des cristaux et des stalactites de ce minéral à la voûte des canaux de conduite.

Sources d'Hammam-Meskhoutine. — A trois kilomètres au-dessus de M'jez-Amar, la Seybouse reçoit une source d'eau chaude nommée Hammam-Meskhoutine (bains maudits) ; on y trouve beaucoup de ruines qui annoncent que les Romains avaient formé sur ce point un vaste établissement, car la nature y présente un de ses plus beaux phénomènes.

Des eaux abondantes sortent de terre à une température de 95 degrés. Elles répandent une odeur de soufre et sont chargées de carbonate de chaux ; dès qu'elles se sont fait une issue en perçant le sol, elles déposent autour d'elles le calcaire dont elles sont surchargées, et forment ainsi une vaste chaudière dans laquelle on les voit bouillir et

dont les bords s'élèvent constamment par de nouveaux
dépôts. Il se forme ainsi un cône qui arrive jusqu'à 8 et
même 10 mètres de hauteur. L'eau ne pouvant pas s'élever
davantage est forcée de chercher une autre issue et d'élever un nouveau cône ; c'est ce qui fait qu'il en existe une
multitude ; en 1840 cependant il en était peu en construction ; presque toute la source s'est réunie en un seul
point ; de là elle retombe par une suite de belles cascades
sur les gradins qu'elle a déposés autour d'elle.

De loin, les bains d'Hammam-Meskhoutine peuvent se
comparer à une ville couverte de minarets ou à un douar
de tentes ; à mesure qu'on approche on distingue à travers
un nuage de vapeur d'eau la belle cascade qui se préci-
pite sur des rochers blancs et roses à travers des arbres
recouverts d'incrustations et des ruines romaines ; on
entend l'eau bouillonner sous ses pieds, et l'on voit la
vapeur s'échapper par toutes les fentes des rochers et répandre au loin une odeur sulfureuse. La barégine d'une
couleur ocreuse s'amasse sur une épaisseur de $0^m,01$ sur
les flancs des cônes d'Hammam-Meskhoutine inclinés de
20 à $30°$ et dont la température est de 60 à $70°$.
Comme l'eau se refroidit rapidement en s'éloignant
de sa source, on trouve à peu de distance beaucoup de
poissons ; il est facile d'en prendre, et en les reportant
quelques centaines de pas plus haut et les plongeant dans
l'eau on les fait cuire immédiatement.

Il ne fallait pas tant de merveilles pour justifier la célébrité dont jouit cette source parmi les Arabes, le nom de
bains maudits qu'ils lui ont donné et toutes les légendes
qu'ils racontent à ce sujet.

CHAPITRE IV.

Comme nous n'avons pas d'autres moyens de nous former une idée des phénomènes antérieurs que la comparaison des résultats qu'ils ont produits avec ceux des phénomènes actuels, lesquels ne consistent qu'en de simples déplacements ou transformations, nous n'avons aucune donnée sur la cause de l'origine du globe terrestre, et le terme le plus éloigné où nos conjectures puissent remonter nous porte à considérer comme *état primitif de la terre* un temps où les matières qui composent cette planète étaient à l'état gazeux, hypothèse à laquelle nous sommes conduits par des considérations d'ordres différents. D'abord, le calcul a prouvé aux astronomes que la terre a précisément pris la forme qu'elle devait prendre, si elle avait été fluide. D'un autre côté, on a vu ci-dessus que les observations faites sur la température intérieure, ainsi que les recherches auxquelles on s'est livré pour expliquer les causes des volcans, des tremblements de terre et de quelques autres phénomènes, conduisent à supposer l'intérieur du globe encore à l'état de fluidité ignée.

On a objecté, contre cette hypothèse de la fluidité ignée de l'intérieur, la difficulté de trouver la cause d'une chaleur pour fondre les matières qui composent l'intérieur de la terre, tandis que les espaces planétaires sont, autant que nous pouvons en juger, à une température très-basse. Mais il est facile de répondre à cette objection, car on sait que quand les gaz passent à l'état liquide ou solide, il se dégage beaucoup de chaleur. De sorte que, dès que nous supposons que les matières qui forment la terre se sont trouvées à l'état gazeux, et qu'une cause quelconque a déterminé la transformation de ces gaz en liquide, nous trouvons la source d'une chaleur immense, quand même ces gaz auraient été, lorsque le phénomène s'est produit, à une température aussi basse que celle dont nous supposons que les espaces planétaires sont doués maintenant. Or, il est à remarquer que l'existence de masses gazeuses dans l'espace répugne d'autant moins à l'imagination que les astronomes croient en avoir observé dans le ciel actuel ; opinion qui a reçu, dans ces derniers temps, une étonnante confirmation par l'analyse spectrale, dont les résultats ont conduit le P. Secchi à dire que « l'idée, peut-être la plus rapprochée de la vérité, que nous puissions nous former des nébuleuses non résolubles, c'est qu'elles sont une matière gazeuse qui se dispose probablement à former des soleils ». On sait, d'un autre côté, que la physique nous apprend que les corps ont, en général, la faculté de passer, dans certaines circonstances, par les trois états de gaz, de liquide et de solide.

Si maintenant nous examinons ce qui a dû arriver lorsque la majeure partie de la masse terrestre aura été transformée de l'état gazeux à l'état liquide, nous sentirons qu'un des premiers phénomènes a dû être une tendance au refroidissement, puisque cette masse avait pris une température beaucoup plus élevée que celle de l'enceinte où elle se trouvait. Or, l'un des premiers effets de cette diminution de chaleur a dû être la *formation par coagulation* d'une croûte solide autour de la masse liquide, de même que nous voyons se former une croûte sur les bains de métal en fusion de nos fourneaux lorsqu'on cesse d'entretenir le feu, et de même que nous voyons se former de la glace sur nos étangs, lorsque la température extérieure s'abaisse suffisamment. Ce premier mode de formation des roches solides qui s'opère de haut en bas doit se continuer aussi longtemps que le refroidissement ne sera pas assez complet, pour qu'il n'y ait plus de matières à l'état de fluidité ignée à l'intérieur du globe.

On sent également que, dans les premiers moments qui

ont suivi la formation d'une masse liquide, la chaleur devait être telle que l'atmosphère de cette masse devait contenir, outre les fluides qui composent notre atmosphère actuelle, l'eau qui se trouve maintenant à la surface de la terre et une foule d'autres matières sublimées. Or, dès que la température aura commencé à diminuer, ces matières auront tendu à se précipiter à la surface de la terre, et auront ainsi contribué à la formation de sa croûte solide, par l'addition de sédiments qui se déposèrent sur les matières coagulées, mais dans un ordre différent, c'est-à-dire de bas en haut. Cette formation *par précipitation* atmosphérique a dû se prolonger, jusqu'à ce que le refroidissement de la surface terrestre ait été assez avancé pour que sa température se trouvât à peu près en équilibre avec les effets de l'action solaire.

On conçoit, en effet, que les matières solides qui pouvaient encore tomber de l'atmosphère se mêlaient avec celles beaucoup plus abondantes qui se déposaient dans les eaux. On conçoit également que les *précipitations aqueuses* qui s'opéraient dans ces temps anciens devaient avoir une énergie dont les phénomènes qui se passent dans nos eaux actuelles ne peuvent nous donner qu'une faible idée, car des eaux qui étaient imprégnées d'une bien plus grande quantité de principes étrangers, qui avaient une température beaucoup plus élevée et qui étaient plus agitées, devaient donner lieu à des phénomènes chimiques et mécaniques beaucoup plus développés que ceux que produisent nos eaux actuelles.

Enfin, dès qu'il y a eu une écorce solide autour du globe, il a dû s'opérer un quatrième mode de *formation :* celui *par éjaculation* ou injection de matières fluides du dessous poussées vers le haut. Nous avons, en effet, déjà fait remarquer, en parlant des volcans, que, quand un liquide passe à l'état solide, une partie de sa masse se transforme en gaz, et que ces gaz mélangés avec le liquide peuvent déterminer l'ascension de celui-ci ; mais une autre cause, dont nous parlerons tout à l'heure, a dû déterminer anciennement des ascensions de fluide intérieur bien plus énergiques que celles qui ont lieu actuellement.

Du reste, il a dû exister originairement *une liaison entre ces quatre modes de formation* qui n'a plus lieu maintenant entre les phénomènes analogues; car la nature des choses établissait alors des rapports qui n'existent plus. On sent, par exemple, qu'il ne devait pas y avoir beaucoup de différence entre les matières qui, lors du commencement de la consolidation de la croûte du globe, se coagulaient directement à la surface, et celles qui se précipitaient de l'atmosphère, d'autant plus que ces précipitations ayant dû commencer avant que la masse liquide ait été recouverte d'une croûte solide, les matières précipitées se seront mêlées avec celles qui se coagulaient et auront ainsi augmenté les rapports qui devaient déjà exister entre ces matières.

Une autre cause de mélanges, et par conséquent de liaisons, résulte des fréquentes ruptures qu'ont dû éprouver les premières croûtes solides. Des fractures et des transports ont dû se passer sur l'immense océan formé par les premières matières liquides, océan qui était entouré d'une atmosphère beaucoup plus compliquée que la nôtre, et où devaient par conséquent se passer des phénomènes météorologiques plus violents et plus fréquents que ceux que nous voyons maintenant.

D'un autre côté, l'espèce d'antagonisme qui a dû s'établir entre les premières eaux que ces phénomènes météorologiques ont amenées à la surface de la terre, et l'action de la chaleur qui tendait à les faire repasser à l'état gazeux, donnait sans doute naissance à des phénomènes particuliers, et devait établir beaucoup de rapports entre les produits des précipitations atmosphérique et aqueuse.

Enfin les éjaculations venant de l'intérieur qui sont, comme on l'a vu à l'occasion des volcans, une cause de mélange entre les dépôts plutoniens et neptuniens, devaient avoir bien plus de développement dans les temps anciens que maintenant.

CHAPITRE V.

Les terrains volcaniques éteints peuvent appartenir au commencement de la période géologique actuelle, et dans ce cas ils ont toutes les apparences et la composition des volcans brûlants, comme en Auvergne (voir *Première année*, p. 138-139), dans l'Eifel, etc.

Lorsqu'ils appartiennent à des périodes antérieures, tantôt ils sont peu dérangés et affectent encore la forme de grandes montagnes coniques, comme le mont Dore, le Cantal, en France, les massifs anciens du Vésuve et de l'Etna, les îles Canaries, etc.; tantôt ils ont été extrêmement démantelés et morcelés; des parties considérables ont été enlevées par les actions dites diluviennes, et il ne reste que des massifs dont les formes ne rappellent plus ou que peu les volcans. Comme exemples des premiers il sera donné, en outre du Cantal, des monts Dore et du Mezenc décrits dans la *Première année*, p. 120-122, l'Etna en Sicile; pour les seconds, les îles Hébrides à l'O. de l'Écosse seront choisies.

Produits des volcans anciens. — Ils se divisent en deux groupes souvent associés dans le même massif : ceux qui sont dits *basaltiques*, et ceux qui sont dits *trachytiques*.

Les roches basaltiques comprennent d'abord les mêmes roches que celles des volcans actuels, et ensuite un certain nombre d'autres qui proviennent de leur altération et qui sont les suivantes :

Dolérite. — Mélange de labradorite et de pyroxène noir; laminaire ou grenue; massive grise ou noire, renfermant très-souvent de petits grains de nigrine plus ou moins magnétique. En coulées parmi les roches volcaniques tertiaires, Auvergne, Hesse, Vésuve, Islande, Mexique.

Wacke ou *spilite*. — Résultat de la décomposition des roches pyroxéniques ; gris verdâtre ou brun rougeâtre. Les cavités renferment souvent un grand nombre de minéraux cristallisés, notamment les zéolithes, le calcaire et le quartz. C'est le gîte des belles agates d'Oberstein dans le Palatinat.

Tufa. — Cendre basaltique décomposée ; gris ou brun. Ceux qui proviennent de cendres déposées dans les eaux renferment des restes d'animaux et de végétaux, comme en Islande.

Pépérino. — Conglomérat de cendres et de scories décomposées ; gris ou brunâtre ; ceux dont les matériaux sont primitivement tombés dans les eaux renferment également des restes d'animaux et de végetaux, comme à Ronca dans le Vicentin.

Pouzzolite ou *pouzzolane.* — Scorie décomposée rougeâtre ou brune. Les catacombes de Rome résultent de l'exploitation de cette roche ; à Pouzzoles elle est exploitée pour la fabrication de la chaux hydraulique.

Les roches trachytiques qui forment beaucoup plus rarement les déjections des volcans actuels présentent les différentes sortes de roches suivantes :

Phonolite. — Ryacolithe compacte ; massif, gris verdâtre ou noirâtre. Formant des amas ou des filons dans les roches volcaniques tertiaires ; Auvergne, environs de Bonn.

Trachyte. — Ryacolithe compacte ou légèrement grenu, poreux, rude au toucher, renfermant assez souvent des cristaux qui lui donnent la contexture porphyroïde ; massif, blanchâtre, gris ou rougeâtre ; cristaux disséminés d'amphibole noire et de mica ; en coulées. Formant un des éléments principaux des roches volcaniques tertiaires. Auvergne, environs de Bonn, îles Canaries, Guadeloupe, Martinique.

Obsidienne, rétinite, ponce. — Ces états particuliers des feldspaths forment les roches qui se trouvent habituellement à la base des coulées de trachytes et de phonolites; la ponce du commerce vient principalement des îles Ponce et Lipari.

Il y a également des scories, des cendres trachytiques qui peuvent aussi être décomposées.

Alunite. — Roche épigène, en amas dans les trachytes, résultant de l'altération de ceux-ci par les vapeurs sulfureuses. Mont Dore, la Tolfa près Civita-Vecchia, Ischia, Milo, Hongrie, Guadeloupe. Exploitée pour la production de l'alun.

Fig. 3. Puy de Montchalme et lac Pavin.

Les volcans modernes sont tous à un certain éloignement du mont Dore. C'est principalement au Sud que semble se continuer la chaîne des puys à cratères. Au delà de Valcivières, on ne voit plus de trachytes. C'est au centre d'un plateau de basalte que s'est ouvert le bassin circulaire du lac de Pavin. D'autres lacs situés dans son voisinage ont aussi leur bassin creusé dans la même roche, ou plutôt occupent les dépressions d'une grande coulée. Le volcan de Montchalme, dont le cratère est bien conservé, s'élève sur le bord occidental du lac, atteignant une élévation absolue de 1415 mètres. Près de sa base paraît la *cheire* ou coulée qui va rejoindre le lac de Mont-Sineyre, sans qu'on puisse assurer qu'elle ait été produite par Montchalme. Cette nappe de lave présente un grand nombre de trous dont la profondeur est inconnue, et parmi lesquels se trouve le *Creux de Soucy*, espèce de puits contenant de l'eau à une grande profondeur, et que l'on suppose en communication avec le lac Pavin. Montchalme a cependant donné une coulée qui passe sous Besse, et ne vient s'arrêter qu'entre Sauriers et Courgoul, après un trajet de plusieurs lieues. Un grand nombre d'autres volcans environnent Montchalme, et forment des mamelons qui s'élèvent au loin sur la pelouse, et vont rejoindre les hauteurs du Cantal.

Etna. — Tout le monde sait que celui-ci s'élève sur la côte orientale de la Sicile; que sa base est baignée par la mer et empiète même légèrement sur la ligne générale des rivages; que sa masse imposante et solitaire est complétement détachée des montagnes calcaires et granitiques qui remplissent une partie de son horizon; que la forme pyramidale de la cime, l'aspect brûlé de ses flancs, la disposition de leurs anfractuosités qui décèle un groupement autour d'un centre commun; la belle et riante végétation qui couvre sa base, les villes, les villages élégants et presque monumentaux qui s'y détachent sur la verdure; que tout y révèle à l'œil, d'aussi loin qu'il puisse l'apercevoir, un massif à part, une existence individuelle, un de ces points où s'est concentrée, de nos jours, l'activité de la nature minérale, où vit une cause sans cesse agissante de destruction et de renouvellement : un *volcan*, à la fois source de désastres par les secousses qu'il occasionne, par les déjections dont il recouvre le terrain, et source de richesses par la nature du sol que font naître à la longue ses produits accumulés.

Sur presque toute sa circonférence, une falaise plus ou moins prononcée marque la limite de son domaine. Au haut de cette falaise commence un terre-plein légèrement

Fig. 4. Iles Cyclopes.

bombé, sur lequel s'élève un cône très-surbaissé, dont les pentes vont se terminer de toutes parts au pied d'une gibbosité irrégulière qui forme la montagne proprement dite, dont le terre-plein bombé et le cône surbaissé constituent, en quelque sorte, les avant-corps. Cette gibbosité est elle-même tronquée par une surface presque plane, sur laquelle s'élève en pain de sucre le cône ébréché que termine le cratère du volcan.

La falaise qui existe sur le pourtour du massif, excepté au Nord, est formée sur le côté S. O., d'Aderno à Catane, par les roches ignées les plus anciennes ; ce sont des basaltes qui forment aussi au S. E. les alentours du cap Mulini et les îles Cyclopes ou Fariglioni, où la roche est divisée en prismes de la base au sommet.

Le terre-plein bombé est cultivé dans toutes les parties que des coulées de laves trop récentes ne frappent pas de stérilité. On l'appelle la région cultivée, *regione culta*.

Le cône surbaissé est couvert d'une vaste forêt de chênes, de pins et de quelques autres arbres qui ne s'interrompent que dans les parties couvertes récemment par les produits des éruptions. On l'appelle vulgairement *Il Bosco*. Son uniformité n'est guère interrompue que par les cônes de scories qu'y ont formés les éruptions latérales.

En se rapprochant du centre du massif, un groupe de saillies plus rapides forme l'Etna proprement dit, la *Montagna*, le Mongibello des habitants. Toute la partie de ses flancs qui se trouve comprise au-dessous de 1700 mètres est encore couverte par les arbres du Bosco ; le reste est nu et constitue ce qu'on appelle la troisième région de l'Etna. *Regione deserta.*

Cette gibbosité centrale n'est pas un cône ; sa partie la plus massive et la plus élevée se présente comme une espèce de tronc duquel partent deux bras légèrement recourbés l'un vers l'autre, qui sont deux crêtes étroites, presque tranchantes, quelquefois dentelées, dont les deux pentes sont inégales. Les pentes extérieures, quoique rapides, ne sont jamais escarpées, elles atteignent même rarement 32° d'inclinaison vers l'horizon. Au contraire, les pentes intérieures qui se regardent mutuellement sont abruptes et souvent même perpendiculaires sur des hauteurs de plusieurs centaines de mètres. La pente même de la gibbosité s'appelle le *Serre del Solfizio.*

La crête méridionale est le *Monte-Zoccolaro*, la crête septentrionale les *Monti delle Concazze*. L'espace qu'elles circonscrivent et qu'on appelle le *Val del Bove* est un cirque immense, d'où les regards ne peuvent s'échapper que du côté de la mer. C'est dans les flancs de ce vaste abîme que l'histoire des commotions qui ont façonné l'Etna se trouve écrite en caractères ineffaçables.

Le fond du Val del Bove, formé lui-même de coulées modernes entassées les unes sur les autres, s'élève en pente douce entre les escarpements qui le circonscrivent jusqu'au pied du Serre del Solfizio. La couleur noire des laves qui le couvrent tranche d'une manière prononcée avec la couleur grisâtre des escarpements qui l'entourent.

Dans le noyau préexistant de l'Etna comparé aux déjections modernes, la difficulté est de distinguer ces deux classes de roches, surtout si on n'avait à comparer que des échantillons de collection. En effet, les unes et les autres sont également composées de labradorite, de pyroxène et de péridot, et ne diffèrent que par des nuances dans l'état cristallin ou dans la couleur de ces éléments et dans la structure des masses. Ainsi, dans les produits anciens, la couleur de la pâte, au lieu de tirer sur le noir, est souvent d'un gris clair ou d'une légère teinte brune, et cette pâte est en même temps plus fine, plus homogène et plus compacte. L'aspect des cristaux empâtés de labradorite et de pyroxène présente aussi quelques différences.

Les nuances qui distinguent ces deux classes de produits sont donc en réalité très-faibles; mais quelque légères qu'elles puissent être, elles impriment cependant aux masses, surtout lorsqu'on les observe en grand et dans leur ensemble, des caractères très-marqués. Les escarpements du Val del Bove se composent de plusieurs centaines d'assises parfaitement régulières, formées alternativement de roches de fusion, qui ressemblent, jusqu'à un certain point, aux laves de l'Etna moderne, et de matières fragmentaires ou pulvérulentes qui forment, outre les assises de roches de fusion, d'autres assises plus ou moins solidement agrégées. L'épaisseur de ces diverses

assises varie d'un demi-mètre à plusieurs mètres, et peut
être évaluée moyennement à un peu moins de deux mètres, de sorte que, dans une hauteur de deux cents mètres,
on en compte ordinairement plus de cent. Les assises de
matières fondues sont généralement un peu plus minces
que les assises fragmentaires; la plupart ont moins d'un
mètre de puissance; cependant il n'y a rien de constant à
cet égard; on peut en compter un grand nombre dont la
puissance va à deux ou trois mètres. — Les surfaces de
ces dernières assises sont rugueuses et comme boursou-
flées, et leurs parties extérieures sont pénétrées d'un
grand nombre de cellules jusqu'à 0^{m}20 ou 0^{m}30 des surfaces supérieure et inférieure de chaque assise. Delà il
résulte que les assises qui n'ont que 0^{m}50 à 0^{m}60 de puissance sont celluleuses dans toute leur hauteur. Quant aux
assises composées de matières fragmentaires, ce sont de
véritables tufs formés des mêmes éléments que les assises
de roches de fusion, et tantôt scoriacées, et tantôt plus ou
moins compactes. Tantôt ce sont de véritables cendres,
tantôt des lapilli, tantôt des fragments anguleux dont le
diamètre atteint quelquefois 0^{m}50. Au contact des assises
de matières fondues on voit ces tufs s'engrener et se lier
avec les aspérités scoriacées de ces dernières.

Ces assises ne constituent pas absolument à elles seules
les escarpements du Val del Bove. Elles sont coupées par
un nombre immense de filons, tantôt perpendiculaires,
tantôt plus ou moins obliques par rapport aux couches,
et qui, moins ébouleux que ces dernières, restent quelquefois en saillie en avant des escarpements, comme les
restes de pans de murailles gigantesques. Ces filons sont
eux-mêmes composés de roches de fusion analogues à
celles qui constituent une partie des couches; ils présentent une texture bulleuse près de leurs parois, et une texture compacte dans la partie centrale. Souvent ils présentent une division prismatique plus ou moins régulière
perpendiculairement à leurs parois. L'intersection des
filons les uns par les autres est un fait très-fréquent; sou-

vent même un filon qui en traverse un autre le rejette, ce qui prouve qu'ils ne sont pas tous de la même date. Ils rejettent aussi assez souvent les assises qu'ils traversent; ce qui achève de montrer que ces filons ne sont que des fentes qui ont été remplies de matières fondues.

Fig. 5. — Ile Maurice, mont Peter-Bott.

Ile Maurice. — La ci-devant Ile de France est un massif volcanique ancien comme la Réunion, de forme semi-circulaire, mais qui ne renferme plus de volcan en activité. Le sol, qui a une forme générale conique, a été raviné profondément par les agents atmosphériques, et toute trace de cratère a disparu. Un des chaînons montagneux, celui du *Pouce*, a pour point culminant le mont Peter-Bott, élevé suivant La Caille de 825 mètres au-dessus du niveau de la mer. C'est une véritable aiguille basaltique surmontée par une tête arrondie, un énorme rocher d'environ 10 mètres de hauteur qui déborde par sa renflure au-dessus de sa base. L'ascension extrêmement difficile avait, d'après la tradition, été faite par un homme qui périt en redescendant et dont le nom lui avait été donné ; elle fut décidément exécutée en septembre 1832 par l'ingénieur Lloyd, qui voulut y passer la nuit avec quelques compagnons.

Ardèche. — On trouve dans le Vivarais, sur les bords de la petite rivière du Volant, une très-belle chaussée basaltique qu'on peut suivre jusqu'à la rencontre d'un courant de lave qui, près d'Antraigues, descend d'un ancien cratère, où de beaux châtaigniers prospèrent au milieu des débris volcaniques. La fertilité de ces contrées bouleversées, leur riche végétation, offrent un contraste pittoresque avec l'aspect sévère des arides régions dévastées par le feu.

Une des plus belles colonnades basaltiques de la France se trouve à Espaly, près du Puy, sur les bords de la rivière de Borne. En quelques endroits, les colonnades, de forme prismatique, ont jusqu'à 20 mètres d'élévation sur 30 centimètres environ de diamètre. On donne à ce groupe le nom d'*Orgues*, souvent employé pour désigner de semblables colonnades. La rive opposée de la rivière présente un assemblage très-singulier des prismes basaltiques disposés en rayons autour d'un centre commun et formant un immense cercle.

Hébrides. — L'Écosse renferme des étendues considérables de terrains volcaniques ou analogues à ceux des volcans éteints incontestables ; ces dépôts sont presque entièrement relégués sur la côte occidentale de ce royaume, où ils forment une partie considérable des îles Hébrides.

Dans le groupe septentrional de ces îles, l'île de Sky présente le plus grand amas de coulées basaltiques, puisqu'elle en est toute formée à l'ouest.

Fig. 6. Chaussée d'Antraigues (Ardèche).

Dans le groupe méridional, toute l'île de Mull n'est qu'une série de coulées basaltiques. A l'ouest, les îles d'Eorsa, d'Ulva, de Gometra, de Colorsa, de Staffa, et le groupe des Treshnish avec leurs écueils, sont éminemment basaltiques, et au sud l'on retrouve ces roches dans la plus grande partie de l'île de Kerrera. Plus au sud, ces masses volcaniques disparaissent, et à l'exception de l'amygdaloïde de l'île de Glass, située dans le détroit d'Isla-l'on n'a plus que quelques filons basaltiques épars.

Ces grands dépôts basaltiques se présentent comme ceux des volcans éteints, tantôt sous la forme d'amas considérables comme ceux des îles de Canna, de Sky, de Mull, etc., et tantôt en lambeaux épars au milieu des mers ou au haut des montagnes de formations antérieures, comme au sommet du mont Duncanhill dans l'île de Rasay, et sur quelques cimes de gneiss du district de Morven; mais jamais ni les montagnes basaltiques entières, ni les cônes épars çà et là, ne s'élèvent au delà de 600 mètres.

Les formes des montagnes basaltiques sont très-diffé-

Fig. 7. Ile de Staffa.

rentes; quelquefois elles sont massives irrégulières, et ne présentent que des roches informes angulaires. Mais le plus souvent elles offrent une suite de terrasses placées les unes au-dessus des autres, et surmontées d'une surface légèrement bosselée, ou de petites cimes, ou de cônes détachés, pointus ou arrondis, ou bien elles forment de petites buttes à sommet fort aplati. Mais le long des rivages les destructions sont très-grandes, et la mer orageuse et toujours turbulente des Hébrides ne cesse d'exercer sa fureur contre ces dépôts; de là vient ce grand nombre d'écueils qui entourent plusieurs parties des îles, et les rendent inabordables, de là ces pics qui sortent de la mer en avant du rivage et s'élèvent même à plus de 60 mètres, et de là ces escarpements qui bordent la plupart des Hébrides. Très-fréquemment on voit au bas de ceux-ci les vagues se précipiter avec fureur dans des cavernes plus ou moins spacieuses, telles que celles des environs de Duntulm et de Talisker, dans l'île de Sky, celles de l'île de Staffa, etc. Il est encore possible que la même cause ait aidé à produire celles qui sont assez élevées au-dessus du niveau de la mer, comme la fameuse caverne de l'île d'Egg, où la tribu des Macdonald fut si inhumainement mise à mort par celle des Macleods. La position des nappes basaltiques a comme partout ailleurs un caractère particulier, savoir : de reposer presque horizontalement sur des plans légèrement inclinés, et assez souvent ondulés, de différentes formations ; on peut donc en conclure qu'elles sont encore dans la position où elles ont été déposées.

Les colonnades basaltiques sont coupées souvent parallèlement au plan supérieur des nappes par des fentes, et les prismes ont ordinairement 5 à 7 côtés ; mais souvent l'on en voit qui n'en ont que 3 ou 4, et rarement leur nombre va jusqu'à 10 ; leur diamètre varie depuis 3 jusqu'à 10 centimètres ; ainsi dans l'île de Staffa, il y en a qui ont 1 mètre, mais les prismes les plus réguliers n'ont que 0^m,30, tandis que dans les îles Shiants, leur diamètre va de 2 à 3 mètres, et dans le milieu de l'île de Mull, il y a des groupes de prismes qui atteignent presque 3 mètres. Leur hauteur dépend de l'épaisseur de la coulée et du retrait cristallin plus ou moins parfait dans toute la masse ; ainsi il y en a de 60 à 100 mètres, et même, dans l'île de Gariveilan, Maccullock a cru en voir de 300 mètres. Les prismes sont droits, courbés, inclinés et assez rarement presque horizontaux : ces derniers supportent quelquefois, sous un angle droit ou aigu, des séries de prismes courbés ou inclinés, ou bien toutes ces

Fig. 8. Grotte de Fingal (île de Staffa).

différentes variétés se trouvent réunies, comme dans la belle île de Staffa, qui n'est cependant qu'une miniature de ces parties superbes des coulées gigantesques du mont Dore.

Les plus belles colonnades basaltiques de l'Écosse sont, outre Staffa, celles des îles d'Ulva et de Gometra, du Midi de Mull, de Great Brish Meal au-dessus de Talisker, dans l'île de Sky et des environs du château de Duntulm ; mais toutes n'offrent pas le même genre de beautés, car si Staffa plaît par sa petitesse, sa régularité et la facilité avec laquelle l'œil peut y saisir tous les moindres détails, d'un autre côté, la hauteur immense des prismes de l'île de Gariveilan frappe l'imagination, et les colonnades près de la baie de Staffin et de Duntulm dans l'île de Sky, cinq ou six fois plus hautes que celles de Staffa, rappellent par leur étendue majestueuse ces séries de promontoires prismatiques de Villeneuve-de-Berg dans l'Ardèche.

Dans l'île de Staffa, une couche de brèche, formée de débris de roches basaltiques, de 15 centimètres d'épaisseur, supporte les deux coulées basaltiques, qui forment la principale partie de cette île, tandis qu'il y a de semblables roches dans les parties septentrionale et méridionale de l'île de Mull, qui renferment en outre des masses de quartz, de granit et de feldspath compacte et terreux.

Antrim. *Chaussée des Géants.* — Dans le nord de l'Irlande, la craie qui recouvre une craie tufeau, à grains verts, est identique soit par sa compacité, soit par ses fossiles, avec les assises inférieures de la craie anglaise et française, et les assises supérieures à l'ordinaire plus tendres viennent à manquer accidentellement ou par suite des érosions que paraît avoir souffertes la surface du dépôt crétacé. D'immenses nappes basaltiques sont venues se répandre sur ce terrain, de manière que presque tout le comté d'Antrim est un amas de laves. Ce dépôt volcanique a les plus grands rapports avec celui des Hébrides, et l'on ne peut guère l'en séparer. Les nappes basaltiques ont évidemment coulé sur des plans légèrement inclinés ou dans des enfoncements. Comme dans les Hébrides, l'épaisseur des coulées varie et va jusqu'à 25 mètres, et au delà, et leur nombre est quelquefois de 8 à 10, et même peut-être plus grand. Les roches qui les composent sont communément des produits qu'on peut appeler des basaltes grossiers ou des dolérites passant au basalte, qui sont plus ou moins feldspathiques, décomposés et irrégulièrement prismatiques ; mais les véritables basaltes tabulaires ou columnaires y sont beaucoup moins fréquents, et la dernière variété semble surtout reléguée dans la partie septentrionale du dépôt. Les cristaux de pyroxène y sont abondants, les grains de péridot-olivine et les cristaux de feldspath vitreux assez rares, et les altérations et les infiltrations sont surtout bien visibles dans l'intérieur du pays : sur les côtes du Nord, on peut voir comment la nature tâche de remplir les vides de ces laves très-poreuses, au moyen de parties calcaires, zéolitiques et siliceuses ; en un mot, si quelqu'un avait le moindre doute sur la postériorité de ces substances dans les basaltes, il n'aurait qu'à se rendre à la Chaussée des Géants, pour être détrompé en voyant les infiltrations zéolitiques se prolonger à travers les roches basaltiques, jusque dans les fentes de la craie au-dessous.

Comme dans l'Écosse, le terrain basaltique de l'Irlande est accompagné de filons basaltiques qui le traversent. Comme en Écosse, ceux-ci ont occasionné çà et là de légers changements dans les roches immédiatement en contact avec eux ; la chaleur de la lave a produit quelques altérations, surtout dans les fragments empâtés dans les filons : ainsi des morceaux de craie ont pris un singulier aspect terreux et sont devenus très-phosphorescents. Un calcaire grisâtre d'une compacité particulière près de Belfast, et entre des filons basaltiques de l'île de Raghlin, est dû au voisinage des filons ; l'espace qu'il occupe est très-large, et l'effet ne parait pas proportionné à la cause ; cependant il est extrêmement probable que cet état de la craie dépend de la proximité des masses basaltiques.

Dans le Liban, la rivière de Beyrout reçoit un torrent qui passe sous une arche naturelle élevée de 66 mètres et

Fig. 9. Pont naturel d'Aïn-el-Liban.

qui semble formée par une coulée basaltique divisée en prismes, par-dessous laquelle celui-ci se serait ouvert un passage ; c'est le pont d'Aïn-el-Liban.

CHAPITRE VI.

Pendant les diverses périodes secondaires et de transition il est arrivé au jour des roches de nature fort variée : porphyres divers, serpentines, diorites, etc., dont l'ordre relatif n'est pas toujours rigoureusement établi, et que l'on peut désigner sous le nom collectif ci-dessus porté au programme.

. Ces roches, qui paraissent avoir été rarement celluleuses, semblent s'être épanchées en manière de laves plus ou moins pâteuses et ne pas émaner le plus souvent de centres d'éruptions analogues aux volcans actuels ou anciens. Les formes extérieures des massifs qu'elles constituent n'ont rien non plus qui rappelle ces derniers, ce qui au reste n'a rien qui doive étonner, car lors même que ces roches auraient affecté primitivement cette forme, elle aurait été effacée par les agents atmosphériques et les nombreuses révolutions du globe qui se sont succédé depuis leur sortie.

Il a déjà été question de divers massifs de ces roches dans la *Première année* : porphyres de transition, p. 26 ; porphyres houillers, p. 42 ; porphyres permiens, p. 45 ; serpentines, p. 54 ; amphibolites et spilites, p. 88. Aussi ne sera-t-il donné que peu de nouveaux exemples, après la description des principales roches.

Roches porphyriques. — *Porphyre.* — Orthose ou albite compacte, avec cristaux d'orthose ou d'albite et aussi de quartz ou de mica ; massif, rouge, vert, gris ou noirâtre ; pyrite en cristaux disséminés ; forme surtout les roches ignées des terrains de transition : Vosges, Roanne, Maures, Cornouailles, Saxe.

Pétrosilex ou *eurite*. — Orthose ou albite compacte sans cristaux; massif; rouge, vert, gris ou noirâtre. Accompagne ou remplace le porphyre.

Porphyre argilitique. — Résultat de la décomposition des porphyres; rouge, jaune ou vert; accompagne ceux-ci partout.

Amphibolite. — Amphibole laminaire ou grenue; cristaux disséminés de labradorite, épidote, grenat, pyrite; massif formant une des principales roches ignées des terrains secondaires : Limousin, Pyrénées, Piémont, Chili.

Diorite. — Mélange d'amphibole et de labradorite; laminaire ou grenu; massif comme l'amphibolite qu'il accompagne ou remplace.

Ophite ou *porphyre vert*. — Feldspath et pyroxène formant une pâte compacte d'un vert plus ou moins foncé, avec cristaux verdâtres de feldspath ou vert foncé de pyroxène; il renferme parfois des amandes de quartz, agate, calcaire, chlorite. Est une des roches ignées des terrains de transition : Vosges, Tyrol, Saxe, Hongrie, Grèce.

Mélaphyre ou *porphyre noir*. — Labradorite et pyroxène noir, formant une pâte compacte, noir-verdâtre, avec cristaux de ces mêmes minéraux et cavités renfermant souvent du quartz, du calcaire et des zéolithes cristallisées; la nigrine y est rare. Une des roches ignées des terrains secondaires : Palatinat, Tyrol, lac Supérieur

Euphotide. — Mélange de diallage, soit verte, soit bronzée, et de saussurite laminaire ou à gros grains, verte ou brune; massive, elle est une des roches ignées des terrains secondaires : Corse, Apennins.

Variolite. — Mélange de diallage et de saussurite compacte; vert foncé avec globules plus pâles et plus durs de saussurite; massive. Formant une des roches ignées des terrains secondaires : Hautes-Alpes, dans la vallée de la Durance, Toscane.

Serpentine. — Compacte avec cristaux disséminés de grenat, aimant, eisenchrome, pyrite; veinules d'amiante.

Tantôt massive, formant une des roches ignées secondaires : Limousin, Corse, Piémont, Toscane, Saxe, États-Unis.

Lherzolite. — Mélange de péridot, d'enstatite et de pyroxène; laminaire ou grenue, massive, vert jaunâtre ou roussâtre. Est une des roches ignées des terrains secondaires : Lherz (Ariége), Tyrol, Toscane.

Kersanton. — Mélange de mica et d'un feldspath; grenu, brun; cristaux d'amphibole, veinules calcaires; massif; roche ignée des terrains secondaires ; environs de Brest, Vosges; très-employé pour la construction et les sculptures des églises de Bretagne.

L'Esterel en Provence. — Les porphyres quartzifères forment les cimes de l'Esterel, c'est-à-dire du massif de montagnes que traverse la route de Fréjus à Antibes. Ce groupe de montagnes présente une série discontinue de crêtes porphyriques dentelées, qui commence à la montagne de Rouit, au N.E. d'Esclans, et qui s'étend jusqu'au cap Roux. Celui-ci, remarquable par sa hauteur (498 m.) et par ses formes rudement prononcées, doit son nom à la couleur rouge du porphyre dont sa masse est composée.

Le porphyre de l'Esterel, du cap Roux et de la montagne de Rouit, est essentiellement formé de feldspath compacte, d'un rouge amarante plus ou moins foncé, dans lequel sont disséminés des cristaux de quartz en double pyramide à six faces, et d'orthose rougeâtre. Souvent un commencement de décomposition les rend blanchâtres ou même blancs. La pâte prend aussi une teinte beaucoup plus pâle lorsqu'elle commence à se décomposer. Le grain de ces porphyres est souvent très-gros. Les grains de quartz et de feldspath ont quelquefois plusieurs millimètres de diamètre ; en même temps, ils sont très-abondants dans certaines parties, et l'aspect de la roche acquiert alors quelque chose de granitoïde. Ces porphyres constituent de grandes masses traversées par des fentes diversement dirigées, qui les divisent en blocs polyédriques. Ils résistent très-bien à l'action atmosphérique, et produisent de grands escarpements bordés de talus de débris formés par des blocs éboulés.

La partie extérieure de cette masse offre une structure schistoïde et une texture presque compacte, presque dépourvue de cristaux. Elle est en contact, du côté du N., avec un conglomérat porphyritique, dans lequel on remarque, en fragments ou en grains isolés, les différentes

Fig. 10. Mont Tafonato (Corse).

variétés et les divers éléments des porphyres quartzifères. On voit aussi dans ce conglomérat de nombreuses taches d'une substance verte, à cassure esquilleuse, d'une dureté variable, qui paraît être argilo-siliceuse. La masse porphyrique du port d'Agay se prolonge, à l'O., dans les collines arrondies de Caus, jusque vers le ruisseau d'Arène-Grosse. Elle y présente diverses variations de texture et de composition. On y remarque notamment un porphyre rouge quartzifère, qui renferme des cristaux d'amphibole.

Le porphyre quartzifère de l'Esterel est susceptible
d'être employé, non-seulement comme pierre à bâtir,
mais comme pierre dure et polissable. Il y en a qui re-
çoivent très-bien le poli, comme un porphyre d'un gris-
bleuâtre ou verdâtre, qui se trouve dans les collines de
Caus et qui paraît former une variété particulière. Peut-
être devra-t-on le distinguer complétement du porphyre
rouge quartzifère et le rapprocher des trachytes.

Corse. — Dans cette île, les porphyres se montrent
aussi sur divers points. Le mont Tafonato (mont troué)
formé d'un beau porphyre rouge, à 2315 d'altitude ; il
sert de contrefort au mont Paglia-Orba, qui a 2630 mètres.
Près de son sommet est une ouverture qui a plusieurs
mètres de largeur et de hauteur. Lorsque le Soleil a déjà
disparu derrière les montagnes environnantes, on voit
tout à coup ses rayons passer à travers cette ouverture.

Euphotide. — Les Apennins de Bologne, dit M. Coquand, et surtout la vallée supérieure du Reno, offrent
des sujets d'étude fort intéressants pour la constatation des
rapports réciproques des formations d'euphotide avec les
terrains nummulitiques. Ces derniers, qui ont subi des
transformations peu profondes, sont percés, de distance
en distance, par des dykes d'euphotide, dont l'arrivée
au jour a été accompagnée d'actes de violence et d'arra-
chement. En effet, à Sas-Grosso, à Gaggio et dans le
Pian di Seta, au Sas de l'Oro, les euphotides ont poussé
devant elles des masses de grès, de calcaire, composées
de fragments de tout volume, à angles vifs et à surface
arrondie, mélangés confusément et agglutinés dans une
pâte euphotidique. Ce sont de vrais conglomérats de fric-
tion analogues au Rothtodtliegende de l'Allemagne et
aux conglomérats des porphyres rouges de l'Esterel. Ce
qu'il y a de curieux à observer dans leur disposition,
c'est que souvent ils percent, à la manière des roches
éruptives, les bancs du terrain nummulitique au détri-
ment desquels ils ont été formés en grande partie, en
atteignant un niveau plus élevé, et que parfois au con-

traire, n'ayant pas eu la force de s'établir à la surface, ils gisent à une faible profondeur au-dessous du sol où leur présence n'est trahie que dans les portions qui ont été dénudées par accident. De petits filons de pyrite cuivreuse qui traversent à la fois et l'euphotide éruptive et les débris sédimentaires agglutinés, décèlent claire-ment l'ordre des phénomènes auxquels ces masses de *poussage* doivent leur origine, et rendent compte des al-térations énergiques que les roches ont éprouvées vers les surfaces de contact, altérations qui consistent en la rubé-faction des argiles, en leur conversion en jaspes et en la transformation des calcaires en dolomies et en marbres serpentineux.

Un des points les plus instructifs à observer est le mon-ticule qui domine le village de Gaggio, dans la vallée su-périeure du Reno (Apennin bolognais). Ce monticule est composé d'une euphotide verdâtre qui s'est fait jour à travers les bancs de la formation nummulitique et qui, au moment de son apparition, a brisé violemment les couches qui résistaient à sa violence. Aussi trouve-t-on de nom-breux fragments et des portions considérables de bancs calcaires englobés dans la masse éruptive.

Serpentine de Crète. — Des âges fort différents ont été assignés aux serpentines et aux diorites de la France et de l'Italie ; les anciens géologues les regardent comme contemporains des terrains secondaires moyens, tandis que les nouveaux les croient très-souvent postérieurs à la plus grande partie des terrains tertiaires. Les serpentines de la Crète sont assez anciennes, car les parties inférieures du terrain crétacé en renferment des cailloux.

Les serpentines sont dépourvues de diallage bronzée et me paraissent avoir beaucoup d'analogie avec celles que M. Virlet a vues à Tinos et qu'il considère comme essen-tiellement liées et appartenant au terrain talqueux an-cien.

Le gisement le plus important, qui est aussi le plus étendu de la Crète, est situé au S.-E. de Rétimo et au S. de Spelé.

C'est un massif de serpentine, à peine enveloppé de talschistes, occupant les contreforts du haut chaînon calcaire
littoral. Il commence avant Mournia et s'étend jusqu'au
col d'Akoumia, en bordant souvent le ruisseau qui le sépare de Spelé. Les serpentines que l'on distingue de loin
aux teintes bleu-verdâtre du sol sont vert-foncé à veinules plus dures, avec lamelles de diallage vert brunâtre;
en se décomposant, elles deviennent noduleuses, vert-
jaunâtre à taches vertes ou brunes. Sur deux points, près
de Spelé et du col, elles sont intimement liées à de grands
amas de diorite vert-noirâtre à grain fin ou moyen, vert-
jaunâtre par décomposition. Les diorites sont très-fortement décomposées à la surface, et il est assez facile de les
confondre avec d'autres roches.

Au S. des montagnes de Lassiti, un gisement important
se compose de plusieurs massifs principalement formés par
des serpentines que j'ai rencontrées au milieu des talschistes, entre Viano et le grand vallon de Myrto. Le col
entre Pevkos et Kalami présente des serpentines amygda-
laires noirâtres, et ce dernier village est bâti sur une
wacke brun-rougeâtre avec épidote, et petites amandes
calcaires, qui en montant à l'E. du village se lie à une
wacke pyroxénique gris-verdâtre à amandes calcaires et à un
peperino à grain moyen de couleur verte. Après un col
sur le chemin d'Agdokhia, on voit sur un grand nombre
de points percer, au milieu des talschistes, de grands
amas de serpentine vert-bleuâtre un peu décomposée à la
surface, et des wackes pyroxéniques compactes vertes,
analogues aux variolites du Drac. Au col au-dessus du village, il y a un petit amas de serpentine. Tout ce système
de roches ignées paraît entrer dans la composition des
montagnes au S.-E. de Kalami et des montagnes côtières
situées au S.-O., qui ont 700 à 800 mètres d'altitude.

CHAPITRE VII.

Les roches massives d'éruption les plus anciennes sont toujours cristallines, sans trace de cellulosité ou de boursouflement ; elles semblent être arrivées de l'intérieur à l'état pâteux et avoir formé des masses plus ou moins étendues qui ne se sont guère déversées sur les roches environnantes. Leurs formes extérieures ont été si profondément modifiées par les agents atmosphériques et les nombreuses révolutions du globe qu'elles ont essuyées, qu'il ne reste plus rien des formes primitives. Les formes actuelles sont seulement en rapport avec le mode de désagrégation et de décomposition des roches.

L'une des plus curieuses est celle qui est présentée par une énorme masse granitique, modelée assez régulièrement en arche naturelle, à plusieurs entrées, dans la vallée de Bascan, au milieu des monts Alatous, sur les frontières de la Sibérie et de la Mongolie chinoise. Les hommes et les animaux peuvent s'y abriter, et les rayons du Soleil et de la Lune y passent alternativement.

Les détails donnés sur le Plateau central de la France dans la *Première année*, p. 18-20, permettent de se borner ici à la description des roches et à quelques considérations sur la formation du terrain granitique.

Roches granitiques. — *Pegmatite*. Mélange d'orthose et de quartz ; laminaire ou grenue ; massive, jaunâtre ou rougeâtre ; renferme souvent des minéraux disséminés, mica, talc, tourmaline ; en amas et filons accompagnant le granite : Limousin, Saxe, Oural.

Syénite. — Mélange d'orthose rougeâtre et d'amphibole noire ; laminaire ou grenue ; parfois rendue porphyroïde par de grands cristaux d'orthose ; massive, rouge

Fig. 11. Arche naturelle en Mongolie

ou brun-rouge ; quartz ou zircon disséminés ; l'une des
roches ignées des terrains primitifs et de transition ;

Vosges, Tyrol, Saxe, Norvége, Syène en Égypte; c'est dans cette roche et près de cette ville que les anciens Égyptiens ont taillé leurs grands obélisques, aujourd'hui en partie transportés dans les diverses capitales de l'Europe.

Granite. — Mélange d'orthose, de quartz et de mica; laminaire ou grenu; parfois porphyroïde par la présence de gros cristaux d'orthose; massif, rougeâtre, gris ou noirâtre; renferme aussi des minéraux disséminés : albite, pinite. Forme souvent les roches plutoniennes massives du terrain primitif : Limousin, Pyrénées, Bretagne, Vosges, Saxe, Finlande, etc. Employé surtout pour les bordures et le dallage des trottoirs dans les grandes villes; celui de Laber en Bretagne a fourni le soubassement de l'obélisque de Louqsor à Paris.

Kaolin. — Résultat de la décomposition des roches précédentes, mais pur ou impur suivant la nature de la roche feldspathique grenue qui lui a donné naissance.

Formation du terrain granitique. — Elle est notamment sujette à beaucoup de contestations, car, tandis que la structure non stratifiée de ce terrain, sa texture cristalline et sa position, ordinairement au-dessous des autres dépôts, nous portent à y voir les premiers effets de la coagulation, d'autres géologues, s'appuyant sur les massifs granitiques qui sont à découvert, ainsi que sur les granites qui se lient avec des terrains assez avancés dans la série, ou qui reposent sur ces terrains, ou enfin qui s'y trouvent injectés sous la forme de filons, rejettent l'opinion de l'ancienne consolidation des terrains granitiques, les uns y voyant des roches éjaculées de l'intérieur de la terre à la manière des porphyres et des laves, tandis que les autres y voient des roches d'origine neptunienne qui ont été modifiées par le phénomène désigné sous le nom de métamorphisme.

Nous repoussons la seconde opinion parce que le granite forme quelquefois dans les roches neptuniennes de véritables dykes à limites très-tranchées, ce qui annonce une véritable injection.

Il nous semble d'un autre côté qu'on peut facilement se rendre raison, dans notre hypothèse, des faits que l'on invoque contre elle, car on conçoit, pour ce qui concerne les massifs granitiques à découvert, que cette circonstance peut être le résultat d'une dénudation causée, soit par l'action érosive des eaux, soit, ce qui doit avoir eu plus fréquemment lieu, par le glissement des masses qui recouvraient le granite lorsque celui-ci a été soulevé. Quant à la superposition du granite sur des dépots plus nouveaux, elle s'explique facilement dès que l'on admet la théorie des soulèvements, puisque la force qui peut relever une masse peut à plus forte raison la renverser en sens contraire. Pour ce qui concerne les liaisons et les injections, il est à remarquer que, en considérant les granites comme le résultat de la première coagulation de la croûte du globe, nous ne prétendons pas qu'ils aient acquis, dès le premier moment, l'état, complet de cohérence rigide. Il est au contraire très-probable qu'ils ont conservé pendant longtemps un certain degré de mollesse, en ce sens que les petits cristaux et les grains qui les composent n'avaient qu'une faible adhérence entre eux, ce qui devait leur permettre, lors des soulèvements, de se mêler avec les roches en voie de formation et de s'injecter dans les fentes de celles qui étaient déjà consolidées. La présence des fragments de gneiss dans le granite ne contrarie pas non plus l'hypothèse de la coagulation, car le gneiss ayant dû commencer à se former lorsque la croûte solide du globe était encore très-mince, on conçoit que quand cette croûte se rompait les fragments se mêlaient avec la partie liquide et que les portions d'entre eux qui ne se fondaient pas doivent se retrouver sous la forme de noyaux et d'amas lenticulaires dans la masse principale. Enfin nous ferons remarquer qu'aucune partie des autres matériaux que l'on observe dans l'écorce du globe ne paraît satisfaire aussi bien que le terrain granitique aux conditions que doivent présenter les premiers résultats de la coagulation de cette écorce.

CHAPITRE VIII.

Caractères généraux. — Nous n'oserions affirmer que les roches réunies sous cette dénomination aient, dans l'écorce du globe, une position bien déterminée au-dessous des groupes de roches neptuniennes. Ce qu'il y a de certain, c'est que, sauf quelques cas de renversements locaux, ces dépôts ne se trouvent jamais au-dessus de l'un ou de l'autre de ces groupes, mais qu'ils les séparent souvent des masses granitiques. Les masses primitives se distinguent par la prédominance des roches à texture schisto-granitoïde et schisto-lamellaire, c'est-à-dire en même temps schistoïde et cristalline, ainsi que par l'abondance des micas et des talcs. Ils renferment d'ailleurs une si grande quantité de minéraux disséminés que, si nous voulions en faire l'énumération, nous serions obligé de répéter presque toute la nomenclature minéralogique ; mais ces dépôts sont surtout remarquables par les nombreux gîtes métallifères qu'ils renferment, soit en filons, soit en amas couchés. Ils sont très-répandus à la surface de la terre ; cependant les massifs où ils se montrent seuls au jour sont rarement d'une grande étendue. Ils se rencontrent plus fréquemment dans les pays de montagnes que dans ceux de plaines ; ils sont en général peu favorables pour la culture, et souvent couverts de landes, de pâturages et de forêts. Ils présentent un caractère particulier : c'est que, tandis que les autres groupes dont nous avons déjà parlé ne se lient qu'autant qu'ils se suivent dans la série chronologique, les roches primitives se lient ordinairement avec la plupart des autres dépôts qui se trouvent en contact avec eux, ce qui vient à l'appui de l'idée que ce groupe, ou du

moins une partie de ce groupe, au lieu de représenter
une période de la série des temps, pourrait dans quelques
cas être plutôt le résultat de l'action des phénomènes métamorphiques.

Si l'on ne peut affirmer que le groupe primitif ait une
position bien déterminée, à plus forte raison ne peut-on
pas y reconnaître des étages bien caractérisés, et il serait
possible que les trois divisions principales que l'on y distingue, et où dominent respectivement le *gneiss*, le *micaschiste* et le *talchiste*, représentassent plutôt une manière d'être minéralogique que des rapports géognostiques.

On a aussi placé à côté de ces trois grandes divisions
d'autres systèmes caractérisés par la présence du quartzite,
du calcaire, du phyllade, de l'amphibole, de l'ophiolite,
ainsi que d'autres roches feldspathiques et pyroxéniques.
Mais il y a de ces roches, notamment parmi ces dernières,
qui sont de véritables dykes plutoniens et non des membres du groupe qui nous occupe, et, quant aux autres, il
semble que, au lieu de les considérer comme formant des
systèmes susceptibles de figurer à côté des trois grandes
divisions que nous venons de signaler, il y a plutôt lieu
de n'y voir que des membres subordonnés à ces divisions,
ou même aux autres groupes neptuniens. C'est ainsi, par
exemple, que nous avons déjà vu que l'un des gîtes que
l'on avait cités pendant longtemps comme type du calcaire
primitif, celui de Carrare, est rangé par divers dans un
groupe assez élevé dans la série. Les roches quartzeuses
ont peut-être plus de droit à figurer comme formant un
système indépendant, entre autres celles qui constituent
un massif puissant dans les montagnes de Minas-Geraes
au Brésil, célèbres par l'abondance du quartz aurifère,
du quartz à paillettes d'oligiste spéculaire ou itabirite
et du quartzite micacé ou itacolumite ; mais les relations
géognostiques de ce dépôt ne sont pas encore bien déter-
minées.

Roches primitives. — *Leptynite.* — Orthose grenu, le

plus souvent blanchâtre et renfermant un peu de mica et de grenat ; en bancs dans les terrains primitifs ; Cherbourg, Saxe, Saint-Gothard, Ceylan.

Pegmatite. — Tabulaire, elle forme des bancs dans les parties inférieures des terrains primitifs.

Gneiss. — Mélange d'orthose, de mica et de quartz ; laminaire ou grenu ; parfois porphyroïde par la présence de gros cristaux d'orthose ; schistoïde rougeâtre, gris ou noirâtre. Forme les parties inférieures du terrain primitif : Limousin, Lyonnais, Vosges, Saxe, Suède.

Micaschiste ou *micacite.* — Mélange de mica et de quartz, laminaire ou grenu ; schistoïde gris ou noirâtre, rarement blanchâtre ; cristaux accidentels d'orthose, grenat, amphibole, mâcle, staurotide, tourmaline, aimant, pyrite. Forme les parties moyennes du terrain primitif : Limousin, Pyrénées, Vosges, Alpes, Saxe, Scandinavie, États-Unis.

Mâcline. — Micaschiste dans lequel le quartz est remplacé par la mâcle ; grenu, noirâtre, en grandes assises dans les micaschistes et talschistes des Pyrénées.

Talschiste ou *talcite.* — Talc schistoïde ou compacte, vert ou gris, rougeâtre par décomposition, parfois rendu porphyroïde par des cristaux ou des noyaux de quartz, d'orthose ou d'albite ; cristaux accidentels de mâcle, grenat, staurotide, aimant, pyrite, etc. ; en grandes assises formant les parties supérieures du terrain primitif. Plateau central, Bretagne, Vosges, Alpes, Pyrénées, Saxe, Écosse, Scandinavie.

Protogine. — Mélange de talc et d'orthose avec quartz ; laminaire ou grenue, d'apparence granitique ; parties porphyroïdes par la présence de gros cristaux d'orthose ; stratifiée en grand ou schistoïde, gris-verdâtre ou rougeâtre, parties accidentelles de mica, chlorite, sphène. En grandes assises au milieu des talschistes : Alpes, formant le massif du Mont-Blanc et ce point culminant de l'Europe, Tyrol ; celle d'Algaiola en Corse a fourni le soubassement de la colonne Vendôme à Paris.

Amphibolite, diorite. — Tabulaires en assises dans le terrain primitif.

Euphotide, serpentine. — Stratifiées en assises dans les parties supérieures du terrain primitif.

Quartzite. — Quartz grenu ou compacte, renfermant assez souvent du mica ou du talc qui le colore en gris ou verdâtre. Stratifié en grandes assises dans les terrains primitifs moyen et supérieur, partout où il se rencontre ; un quartzite talcifère appelé *Itacolumite* est le gîte originaire de l'or au Brésil.

Calcaire cristallin. — Laminaire ou grenu, formant des assises dans les micaschistes et surtout les talschistes du terrain primitif. Il donne les vrais marbres blancs de Paros à gros grain et de Carrare à grains fins ; diversement coloré, un grand nombre d'autres marbres.

Cipolin. — Ce même calcaire mélangé de mica ou de talc.

Dolomie. — Laminaire ou grenue, blanchâtre, grisâtre. En assises dans le terrain primitif : Bagnères-de-Bigorre, Saint-Gothard.

Système du gneiss. — C'est la plus importante des divisions du terrain primitif, et celle qui mérite le mieux le nom d'étage qu'on lui donnait généralement avant l'introduction des doctrines du métamorphisme, car on ne peut pas lui contester d'être le terme le plus inférieur des terrains stratifiés. Ce système paraît avoir une composition moins compliquée que les deux divisions suivantes ; cependant la diminution ou la disparition de l'un de ces éléments, les changements qu'éprouve leur mode d'agrégation, et quelquefois enfin l'accession de principes étrangers, déterminent l'existence de roches qui portent des noms différents dans la nomenclature. C'est ainsi que, quand le mica disparaît, le gneiss passe au leptynite et à l'eurite ; et si les feldspaths sont remplacés par du quartz, on a du micaschiste, sans compter que ce système renferme aussi des bancs subordonnés de calcaire, d'amphibole, etc. Mais c'est surtout avec le granite que le gneiss présente des liaisons et des mélanges ; non-seulement ces roches se lient si intimement qu'il est souvent impossible de dire où commence l'une et où finit l'autre, ce qui se conçoit d'autant plus facilement que la composition des deux roches est à peu près la même, et que la différence entre le système du gneiss et le terrain granitique consiste principalement dans la stratification de l'un et la structure massive de l'autre, caractères que les nombreuses fissures et les altérations qui ont ordinairement lieu vers le point de contact rendent très-difficiles à reconnaître; d'un autre côté, on trouve des fragments de granite intercalés dans le gneiss, et plus souvent des fragments de gneiss dans le granite.

Système du micaschiste. — Celui-ci, que l'on a souvent désigné par la dénomination de *formation du schiste micacé* (*Glimmerschiefer*), est très-répandu dans la nature et a beaucoup attiré l'attention des géologues et des mineurs, à cause des nombreux filons métallifères qui le traversent. Les micas qui, comme on sait, sont l'élément dominant du micaschiste, diminuant quelquefois ou disparaissant, la roche devient du quartzite micacé ou même du quartzite micacé à peu près pur ; d'autres fois, les feldspaths remplaçant tout ou partie du quartz, la roche passe au gneiss. D'autres éléments se développent aussi dans ce système et y forment même des bancs subordonnés, notamment le calcaire, qui est souvent blanc passant au bleuâtre à texture saccharoïde. On peut aussi citer du gypse, de la karsténite, de l'amphibole schistoïde, etc.

Système des talschistes. — Celui où domine cette roche est souvent désigné par les dénominations de *schiste talqueux* ou de *stéaschiste;* il a été quelquefois confondu avec le système des micaschistes, parce que ces deux roches sont fréquemment difficiles à distinguer et passent de l'une à l'autre. Les stéaschistes passent également et peut-être plus souvent au quartzite, car il est rare que les stéaschistes ne contiennent pas de quartz et ne passent pas au quartzite talqueux. D'autres fois les talschistes renferment des feldspaths et passent à la protogine. On a même rapporté à ce système la grande masse de protogine qui forme la cime et le noyau du Mont-Blanc dans laquelle

Fig. 12. Les Grands-Mulets au Mont-Blanc.

de Saussure a cru reconnaître une stratification, mais que plusieurs sont maintenant portés à considérer comme un immense culot appartenant au terrain granitique. Cette même roche forme sur les pentes, au milieu des neiges éternelles, le rocher des *Grands-Mulets*, où viennent coucher les voyageurs qui font l'ascension du Mont-Blanc.

Marbrières de Carrare. — Les montagnes voisines de cette ville sont coupées d'anfractuosités profondes, aux pentes desquelles sont attachées les carrières. Les trois principales de ces coupures naturelles portent les noms de *Ravaccione, Canal-Grande* ou *Frantiscritti* et *Colonnata*; elles se ramifient derrière Carrare, comme les branches d'un immense éventail. C'est de Ravaccione que l'on tire le marbre statuaire le plus renommé aujourd'hui à Carrare. Il ne se vend pas moins de vingt francs le palme (cube de 0ᵐ,25 de côté), soit 1280 francs le mètre cube sur les lieux, à pied d'œuvre. La valeur du statuaire indique le haut prix que l'on attache à un bloc bien homogène et cristallin, pur et sans mélange, et les bénéfices élevés qu'en peut procurer l'exploitation. Le marbre blanc clair descend bien vite à des prix moitié moindres, et cependant le coût de l'extraction et du transport est absolument le même que pour le statuaire.

Si l'on continue à remonter dans la vallée de Ravaccione, on rencontre à Polvaccio une ancienne carrière romaine qui a fourni jusqu'à ces derniers temps un marbre statuaire très-renommé. C'est de là que les Romains ont tiré le marbre du Panthéon, de la colonne Trajane, de l'Arc-de-Triomphe de Titus et celui de Septime-Sévère. L'Apollon du Belvédère est également en marbre de Polvaccio. Les blocs qui ont servi à Michel-Ange pour le David et pour les célèbres statues allégoriques couchées qui ornent les tombeaux de Julien et de Laurent de Médicis ont été aussi extraits de ces carrières. Enfin, on peut citer encore, comme sculptés en marbre de Polvaccio, le Neptune de l'Ammanati et le groupe d'Hercule assommant Cacus qui ornent la place du Palais-Vieux à Florence. Les marbres blancs du tombeau de Napoléon, une des constructions modernes qui en ont consommé le plus, ont été tirés de Colonnata, qui a aussi fourni beaucoup de marbre aux Romains.

Le lieu où se trouvent les dernières exploitations de Ravaccione porte le nom caractéristique de *Concha*, parce qu'en cet endroit la vallée partout fermée présente la forme d'une conque. Le paysage est d'une désolante aridité. Pas un arbre ne pousse sur ces calcaires dénudés ; on y distingue à peine quelques herbes, et çà et là quelques mauvaises cahutes en pierres sèches, servant de refuge aux ouvriers.

L'exploitation du marbre est de beaucoup plus importante à Carrare que dans les localités marbrières voisines, Massa et Serraveza. A Carrare, le nombre des ouvriers directement attachés aux carrières est de deux mille cinq cents environ. Un millier d'hommes sont, en outre, employés au transport, à l'expédition et à la mise en œuvre des marbres : bouviers, portefaix de la marine, scieurs, ouvriers des usines ou des ateliers, tailleurs de pierres.

En 1863, on estimait le montant de l'extraction annuelle, à Carrare, à 1 500 000 palmes (22 000 mètres cubes), ou en nombre rond 60 000 tonnes. La production réunie de Massa et de Serraveza était les deux tiers de celle de Carrare, soit 40 000 tonnes, dont 25 000 pour Serraveza et 15 000 pour Massa.

La plus belle de toutes les scieries de Carrare appartient à un Américain, M. Walton. A Massa, à Serraveza, on rencontre également de fort belles scieries, mais les principaux produits de Serraveza sont les *marmetti*, ou carreaux de marbre pour parquets.

Le port d'embarquement des marbres à Carrare présente un aspect des plus animés. Partout sur la plage ce ne sont que blocs de marbre, et dans la rade, quand le temps est beau, navires qui attendent ou complètent leur chargement. De la plage de Carrare les navires vont à Gênes, à Livourne, à Marseille, les trois principaux entrepôts du marbre dans la Méditerranée. Près de la moitié de la production totale va aux États-Unis, le pays qui consomme le plus de pierre de Carrare.

A Carrare, tout le monde est sculpteur, plus ou moins.

La ville elle-même a produit des sculpteurs célèbres : Pietro Tacca, élève, puis émule de Buonarroti, Carlo Finelli, Franzoni, qui sous Pie VI travailla au Vatican, enfin Tenerani, encore aujourd'hui à Rome. Les maîtres contemporains fixés à Carrare, bien que n'ayant pas le renom de leurs prédécesseurs, n'en tiennent pas moins fort dignement le ciseau. Au-dessous des maîtres vient le cortége nombreux des *faiseurs*. Ceux-ci réduisent les statues connues, antiques ou modernes, et les vendent aux touristes de passage, à des prix généralement très-modérés. — On trouve chez eux des Vénus de Milo, de Médicis ou du Capitole, des Dianes de Gabies ou des Dianes à la biche, des Hercules, des Antinoüs, des Bacchus, des Gladiateurs mourants, des Mercure, puis tout l'œuvre de Canova ou de Pradier. Tout cela se vend, s'expédie, s'exporte pour ainsi dire au poids ou au mètre cube. C'est tant pour une réduction de moitié, tant pour une réduction d'un quart, tant pour un groupe, tant pour une statue détachée. Tout l'Olympe antique est coté, et il y a peu de différence entre les copies de deux concurrents. Dans le Nouveau-Monde, les deux Amériques sans exception, en Europe, l'Angleterre, la Russie et l'Espagne, sont surtout friandes de ces produits, et les marbres de Carrare font concurrence aux albâtres de Volterra.

Formation des terrains primitifs. — Elle est encore plus problématique que celle des granites. La texture cristalline du gneiss et ses rapports avec le granite ont été cause que pendant longtemps on a attribué la même origine à ces deux terrains ; mais la structure massive du granite et les indices de stratification que l'on remarque dans le gneiss nous semblent devoir faire rejeter cette opinion. D'un autre côté, dès que l'on admet que la terre a été à l'état de fluidité ignée, on est conduit, ainsi qu'il a été dit ci-dessus, à admettre qu'il y a eu des précipités de matières solides avant qu'il ait pu demeurer à la surface de la terre des amas d'eaux liquides, analogues à nos mers actuelles. Or, s'il s'est réellement formé des dépôts par précipitation atmosphérique, c'est principalement dans le gneiss qu'on doit les voir, parce que ce système de roches présente tous les caractères indiqués par la théorie, c'est-à-dire la position immédiate sur le granite, une liaison intime avec celui-ci, et une composition semblable. D'un autre côté il y a tant de rapports entre le gneiss et les autres systèmes primitifs, que nous sommes porté à croire qu'une partie de ceux-ci ont une même origine; mais d'autres géologues, partant de la circonstance que le métamorphisme a rendu des roches, incontestablement d'origine neptunienne, tout à fait semblables à nos roches primitives, pensent maintenant que toutes celles-ci sont métamorphiques. Nous convenons que nous ne pouvons faire d'autre objection contre cette hypothèse, que de dire que celle que nous proposons nous paraît plus probable, parce qu'elle se rattache mieux à l'ensemble des phénomènes que nous supposons avoir concouru à la formation de notre globe, car nous ne concevons pas, ainsi que nous l'avons dit en parlant du granite, pourquoi on ne verrait plus à la surface de la terre aucune partie des premiers résultats de sa consolidation. Du reste, on verra, lorsque nous parlerons du métamorphisme, que ce phénomène a dû rendre dans certaines circonstances les roches neptuniennes semblables à celles qui ont été formées par sédiments avant l'existence des mers; de sorte que, tout en admettant que le terrain de gneiss ait été produit par précipitation atmosphérique, nous sommes loin de prétendre que le métamorphisme n'ait pas transformé des roches sédimentaires en gneiss; de même qu'en admettant qu'une partie des micaschistes et des stéachistes ait été produite par précipitation atmosphérique, nous sommes loin de prétendre que certains calcaires cristallins ne puissent être des dépôts neptuniens, modifiés par le métamorphisme et intercalés dans des roches antérieures par suite des dislocations qui ont soulevé et renversé une partie de l'écorce terrestre.

CHAPITRE IX.

MÉTAMORPHISME.

Les éjaculations de l'intérieur de la terre ne se sont
pas bornées à amener vers sa surface les divers dépôts
dont nous venons de parler, mais elles ont encore plus ou
moins modifié les matériaux préexistants, en donnant
lieu à un phénomène important, dont les géologues ne
se sont occupés que dans ces derniers temps et auquel ils
ont donné le nom de *métamorphisme des roches*.

Métamorphisme de contact. — Il n'y a pas très-
longtemps que l'on ne connaissait de ce phénomène que
les altérations actuelles et les caractères particuliers que
présentent quelquefois les roches neptuniennes au contact
des basaltes et des trachytes, caractères que l'on attribuait aux effets de la chaleur développée par ces roches.
C'est ainsi que l'on avait remarqué, par exemple, que des
bancs de craie ou de calcaire compacte prennent, dans le
voisinage des basaltes, une texture lamellaire ou saccharoïde, un aspect brillant et un commencement de trans-
lucidité; que de la houille se trouve transformée en anthra-
cite, que le lignite devient plus sec et se divise en
parallépipèdes, que des grès sont crevassés et prennent
un aspect vitreux, que des schistes argileux deviennent
plus durs et passent au jaspe ou à la porcellanite. Mais
depuis que l'on attribue à des éjaculations intérieures
l'origine des dykes porphyriques et des filons cristallins,
on a vu aussi un effet de ces éjaculations dans les différences qui existent souvent entre les parties des roches
neptuniennes qui avoisinent ces matières et celles qui en
sont éloignées. D'un autre côté, on a reconnu aussi que
ces différences ne consistent pas seulement dans la cohé-

rence et dans la texture des roches, mais qu'elles s'étendent même à leur nature, c'est-à-dire que l'on voyait,
par exemple, le calcaire passer à la dolomie ou au gypse,
les roches schisteuses aux roches feldspathiques ou tal-
queuses, d'où l'on a conclu que des émanations contenant,
entres autres, du magnesium, du potassium, du sodium,
rendus gazeux par leur combinaison avec d'autres corps,
et aidés par le développement de la chaleur, s'étaient in-
troduites dans l'intérieur des roches calcareuses ou schisteuses et y avaient donné lieu à des combinaisons nouvelles. Ces idées ont d'abord rencontré beaucoup d'oppo-
sition, mais la facilité avec laquelle elles expliquent des
faits dont on ne pouvait se rendre raison auparavant les
a fait assez généralement adopter, et elles ne peuvent
plus être contestées depuis que l'on est parvenu à produire expérimentalement des résultats analogues.

L'action métamorphique ne s'est pas uniquement exer-
cée sur les roches traversées et celles-ci ont quelquefois
réagi sur les roches éruptives. Cette réaction ne se ma-
nifeste souvent que par des modifications de texture dans
les parties extérieures. D'autres fois, les parties extérieures de ces roches prennent la texture schistoïde et
celluleuse, mais cette dernière est due aux dégagements
de gaz plutôt qu'à la réaction des roches traversées. Quant
aux modifications chimiques, elles se réduisent ordinairement à de simples altérations superficielles. Quelquefois cependant il se forme entre les deux roches des
bandes minces d'une nature particulière qui consistent
surtout en hydrosilicates. On cite aussi des dykes de diorite qui auraient été transformés en stéaschistes.

Métamorphisme régional. — Dans les contrées où les
dépôts stratifiés ont été fortement disloqués, relevés ou
renversés, les roches sont généralement plus cohérentes
et plus cristallines que celles des contrées restées en
couches horizontales, et, comme elles se rapprochent beaucoup plus que celles-ci des roches métamorphiques, on
attribue aussi leurs propriétés à une action métamor-

phique que M. Daubrée distingue par l'épithète de *régionale* parce que, au lieu d'être restreinte à de petites portions de roches, elle s'étend sur de vastes étendues.

Cette action métamorphique, plus générale, est moins évidente et moins facile à concevoir que celle qui s'est opérée au contact des éjaculations ; aussi n'aurait-on peut-être jamais pensé à l'admettre, si l'on n'y avait été conduit par l'observation du métamorphisme de contact ; mais on ne peut plus contester son existence depuis que l'on a reconnu qu'un même dépôt composé de craie, de sable et d'argile dans une plaine en couches horizontales, passe à l'état de marbre, de quarzite et de stéaschiste dans une montagne en couches disloquées, état de choses que M. Élie de Beaumont a ingénieusement comparé à un tison à moitié charbonné. Du reste, une fois que l'on a reconnu que des émanations de l'intérieur ont pu modifier des portions de roches, on peut concevoir que les phénomènes qui ont soulevé et disloqué de grandes parties de l'écorce terrestre ont produit une chaleur et des émanations suffisantes pour que l'action métamorphique se fît sentir sur tout le massif disloqué. Lorsque l'on a commencé à faire ce rapprochement, on assimilait entièrement cette action au métamorphisme de contact et on l'attribuait à l'action immédiate des roches éruptives qui avaient traversé et soulevé les dépôts disloqués ; mais, comme il existe des contrées où la transformation a eu lieu sans que l'on y aperçoive des roches éruptives, et que l'on voit souvent de ces roches qui ont traversé les masses stratifiées sans que les parties de ces dernières qui avoisinent les premières soient différentes de la masse principale, on doit reconnaître que la modification est due à une action plus générale que celle de l'injection des roches éruptives. On conçoit d'ailleurs que quand celles-ci, en crevassant l'écorce terrestre, parvenaient jusqu'au jour, elles perdaient bientôt une partie de leur chaleur et que les émanations gazeuses qui s'en échappaient se dissipaient dans l'atmosphère, tandis que, quand le massif de roches

stratifiées mettait un obstacle au passage du liquide intérieur, la chaleur dont celui-ci était doué et les matières
gazeuses qui s'en échappaient devaient exercer une action
beaucoup plus générale sur la masse qui faisait obstacle à
leur passage.

On voit par ce qui précède qu'il ne doit pas exister,
ainsi que nous l'avons déjà fait remarquer, de limites
tranchées entre les roches métamorphiques et les autres
matériaux qui composent l'écorce du globe. En effet, l'action métamorphique partant du point de contact des
matières éjaculées avec celles qu'elles traversaient, on
conçoit que ses effets doivent aller en diminuant d'une
manière presque insensible ; de sorte qu'il doit être souvent impossible de savoir où elle s'est arrêtée, d'autant
plus qu'il y a encore d'autres causes, notamment la·pres-
sion, qui peuvent modifier les caractères originaires des
dépôts. D'un autre côté, l'action métamorphique ayant été
souvent déterminée par des roches éruptives, dont la
nature et la température ressemblaient à celles dont
étaient doués les granites lorsqu'ont eu lieu les précipitations atmosphériques, celles-ci ont dû prendre, dès leur
origine, des caractères semblables à ceux qu'ont pris postérieurement les roches neptuniennes soumises à l'action
des roches éruptives.

Minéraux introduits. — Les phénomènes du métamorphisme donnent aussi une explication très-facile de
l'*origine* des minéraux disséminés dans des roches d'une
autre nature, ou, pour mieux dire, la formation de ces
minéraux n'est qu'une simple conséquence du métamorphisme, car, si la chaleur a dilaté les roches préexistantes
et permis l'introduction dans leur sein d'émanations de
natures différentes, le jeu des affinités a dû donner naissance à la formation des cristaux divers, de même que dans
nos chaudières de cristallisation et dans nos fourneaux de
fusion nous voyons se former des cristaux de diverses natures. Cette manière de voir explique pourquoi les minéraux
disséminés sont si rares dans les dépôts neptuniens non

métamorphiques, et pourquoi ceux que l'on rencontre dans les dépôts métamorphiques ont en général beaucoup de rapports avec ceux qui se trouvent dans les roches plutoniennes. Il est à remarquer à ce sujet que, dans les roches trappéennes et au voisinage de ces roches, il s'est principalement formé des hydrosilicates, tandis que ce sont des silicates anhydres qui se trouvent dans les granites et dans les dépôts voisins des granites.

Les changements résultant de l'introduction de principes étrangers dans des roches préexistantes ont aussi donné les moyens d'expliquer le *relèvement des couches qui recouvrent certains amas lenticulaires*, notamment ceux de gypse enfermés dans des marnes triasiques. En effet, le calcul démontre que, si du calcaire est transformé en gypse, celui-ci prend un volume beaucoup plus considérable que celui du calcaire. Or, lorsqu'on voit que l'eau en se congelant brise les vases les plus tenaces et que de simples racines d'arbres soulèvent des pierres d'un grand poids, on conçoit que le gonflement éprouvé par le calcaire transformé en gypse puisse relever et même renverser les couches qui le recouvraient.

Foliation. — Le métamorphisme, combiné avec les mouvements que les soulèvements ont imprimés aux dépôts, donne les moyens de concevoir *l'origine de la foliation*, c'est-à-dire des feuillets schistoïdes contrastant avec la direction des couches, fait dont il était impossible de se rendre raison dans une théorie exclusivement neptunienne ; car, si ces feuillets résultaient du dépôt successif des sédiments, leurs plans devraient être parallèles à ceux des couches qu'ils forment. On conçoit, au contraire, et l'expérience a prouvé, que l'échauffement d'une roche dilatant ces molécules donne à celles-ci de l'aptitude à glisser les unes sur les autres lorsque la roche est mise en mouvement sous une forte pression et qu'il peut en résulter la formation d'une texture feuilletée dont les joints de clivage sont parallèles à la direction de ce mouvement.

CHAPITRE X.

CHAINES DE MONTAGNES.

Structure des montagnes. — La surface de la terre se partage en trois sortes de régions naturelles : les plaines, les plateaux et les montagnes. Ces dernières sont des parties du sol en général fort élevées, à surface extrêmement accidentée, qui dominent jusqu'à d'assez grandes distances les contrées où elles sont situées. Elles sont entourées, tantôt par des plaines, tantôt par des plateaux; et se divisent en deux catégories : les *monts* et les *chaînes de montagnes*. — Les *monts* sont des masses en général circulaires, dont la forme approche de celle d'un cône très-surbaissé ; ils sont isolés à la surface des plaines ou des plateaux. Les vallées qui sillonnent leur surface partent, le plus souvent, de la partie culminante, et vont, sous forme de rayons, aboutir à la circonférence. Le Vésuve, l'Etna, sont des monts situés dans les plaines de Naples ou de la Sicile; le mont Dore, le Cantal, sont des monts situés sur le plateau du centre de la France. — Les *chaînes de montagnes* sont des masses elliptiques, fort allongées, suivant une direction, présentant une *crête* plus ou moins ondulée, formée de *pics* séparés par des *cols*. Tantôt la chaîne est simple et les vallées, dites *transversales*, descendent de la crête perpendiculairement à la direction, comme dans la partie occidentale des Pyrénées; tantôt la chaîne est multiple et formée de *chaînes* parallèles séparées par des vallées appellées *longitudinales*, comme dans le Jura et la portion des Alpes située entre la Suisse et le Piémont.

Les roches stratifiées et les roches massives entrent, soit séparément, soit le plus souvent réunies, dans la composition des plaines, des plateaux et des montagnes ; mais les roches stratifiées y présentent de grandes différences dans leurs dispositions. — Les monts sont presque tous des massifs volcaniques formés par l'accumulation lente et successive, sous forme conique, des cendres, scories et laves, sorties de l'intérieur de la terre sur certains points de sa surface. Presque tous ont commencé à se former vers le milieu de la période tertiaire, et plusieurs, comme le Vésuve, l'Etna, le pic de Ténériffe, constituent des volcans brûlants, et continuent de s'accroître. Dans les chaînes de montagnes, les roches stratifiées sont toujours très-fortement bouleversées ; le plus souvent la direction des couches est parallèle à celle de la chaîne elle-même. Sous le rapport de l'âge relatif des terrains qui entrent dans la composition des diverses chaînes, il y a de très-grandes différences ; certaines, comme les Alpes scandinaves, sont exclusivement formées par les terrains primitifs stratifiés ; certaines autres, comme l'Oural, admettent les terrains de transition dans leur composition ; dans d'autres, comme les Vosges, les terrains secondaires moyens forment une partie des points culminants ; d'autres, comme les Pyrénées, présentent lés terrains secondaires supérieurs jusque dans leurs plus hautes sommités ; dans d'autres enfin, comme les Alpes, les terrains tertiaires inférieurs entrent dans la composition des sommets de second ordre, et les terrains tertiaires moyens s'élèvent fort haut sur les flancs. Ces différences fournissent aux géologues de précieux renseignements pour déterminer l'époque à laquelle ont été élevées les diverses chaînes de montagnes.

Origine des chaînes. — Les géologues sont unanimes pour considérer la terre comme formée de deux parties : un noyau intérieur incandescent, liquide au moins dans les parties extérieures, appelé *masse centrale*, et une enveloppe extérieure consolidée, désignée sous le nom d'*écorce terrestre*. Ils sont également d'accord pour admettre que chaque jour la terre perd, par le rayonnement, une partie de sa chaleur propre. Comme la surface, et par conséquent l'écorce, ne paraissent avoir éprouvé qu'un abaissement de température peu considérable et excessivement lent depuis des temps très-reculés, *géologiquement parlant*, il est évident que c'est surtout la masse centrale qui perd de sa chaleur et qui diminue seule de volume, tandis que l'écorce reste dans un état presque stationnaire, quant à sa température et à l'étendue de sa surface, formant ainsi un véritable écran interposé entre la masse centrale et les espaces célestes. L'écorce terrestre serait donc une enveloppe détachée du noyau central, si elle avait une solidité et une rigidité suffisantes; mais d'une part, son épaisseur est peu considérable eu égard à sa surface, et elle est partagée par une multitude de fissures en un grand nombre de fragments, et d'autre part, en raison de ces deux circonstances, elle est douée d'une certaine flexibilité; aussi a-t-elle une tendance continuelle à venir s'appuyer sur la masse centrale. Dans un sphéroïde, doué d'un mouvement de rotation, comme la terre, l'écorce un peu flexible, et un peu trop grande, peut venir s'appuyer à peu près exactement sur un noyau un peu plus petit, s'il se forme sur un demi-grand cercle un pli dont les dimensions iront en s'atténuant du milieu de sa longueur vers les deux extrémités; le sphéroïde alors est sensiblement allongé suivant l'axe qui passe par les deux extrémités du pli. Si le noyau central continue à diminuer de volume, l'écorce au bout d'un certain temps pourra s'y appliquer encore par la formation d'un pli nouveau; mais il existera une grande tendance à ce que celui-ci se produise perpendiculairement au premier, parce que le corps pourra alors reprendre la forme de sphéroïde de révolution qu'il possédait avant la formation du premier pli. Dans ces deux cas successifs, un pli unique pourrait être remplacé par une série de plis parallèles, soit continus, soit interrompus, contenus dans un même fuseau; et ces plis pourraient faire saillie à l'extérieur ou être rentrants vers l'intérieur. A part les irrégularités dues d'un côté au défaut d'homogénéité de la croûte terrestre, et d'autre côté à l'influence que les fissures et les plis déjà formés ne peuvent manquer d'exercer sur ceux qui se produisent postérieurement, on trouve que les chaînes de montagnes sont entièrement comparables aux plis discontinus indiqués par la théorie. En effet, les chaînes de montagnes sont rectilignes ou susceptibles d'être décomposées en éléments rectilignes appelés *chaînons*; et les chaînes ou les chaînons sont alignés suivant diverses directions qui se croisent les unes les autres, en certains points, surtout dans les pays dont le sol est extrêmement bouleversé.

On croyait autrefois que les chaînes de montagnes étaient aussi anciennes que le globe, et conséquemment formées par les roches primitives. Sténon, en 1667, avança qu'elles renferment des couches fossilifères redressées, même à plusieurs époques. A la fin du dernier siècle, de Saussure établit, par l'observation de couches de galets fortement inclinées à Valorsine, que les Alpes s'étaient formées après le dépôt de certaines roches sédimentaires. Ramond, en découvrant quelques années après des coquilles dans les calcaires du sommet du Mont-Perdu, dans les Pyrénées, démontra que cette chaîne avait été élevée postérieurement à l'apparition des êtres organisés sur le globe. M. L. de Buch répartit plus tard les chaînes de montagnes de l'Allemagne en quatre groupes formés successivement, et ayant chacun une direction particulière. Mais c'est à M. L. Élie de Beaumont que revient l'honneur d'avoir réuni, en 1829, en un corps de doctrines, tous les renseignements connus sur les chaînes de montagnes, dans ses Recherches sur quelques-unes des révolutions de la surface du globe. Depuis, des travaux partiels ont été publiés par MM. Boblaye et Virlet sur la Grèce ; Pissis et Alcide d'Orbigny sur l'Amérique du Sud ; Tchihatcheff sur l'Altaï ; Renou et Pomel sur l'Algérie ; les géologues Américains sur les États-Unis ; tout récemment, M. de Beaumont lui-même a publié un mémoire sur les bouleversements les plus anciens de l'Europe, et enfin, il a donné, en 1849, dans le XIIe volume du *Dictionnaire universel d'histoire naturelle*, un article intitulé Systèmes de montagnes, dans lequel il a résumé tout ce qui est connu sur ce sujet.

Direction des chaînes. — Les différents chaînons d'une vaste contrée se rallient à un certain nombre d'orientations, dont chacune se répète dans un grand nombre de chaînons, et chaque ensemble de ceux-ci, caractérisé par une des orientations, constitue un groupe spécial. Les chaînes de montagnes qui accidentent la surface de la terre n'y sont pas répandues et dirigées au hasard ; au contraire, dans la plupart des cas, elles sont disposées plusieurs ensemble de manière à former un groupe composé de chaînes placées parallèlement ou dans le prolongement les unes des autres, suivant un demi-grand cercle de la sphère ; c'est là ce qui constitue ce que M. Élie de Beaumont appelle un *système de montagnes*. Ces systèmes, dont le nombre, quoique encore indéterminé, même pour l'Europe occidentale, n'est pas à beaucoup près aussi considérable qu'on pourrait le supposer d'abord, affectent chacun une direction qui varie peu par rapport au méridien du lieu reconnu pour être le point central. Les chaînes d'un même âge sont généralement comprises dans un même fuseau de l'écorce terrestre ; un fuseau se terminant par deux pointes, situées l'une à l'antipode de l'autre, et près de chacune d'elles, la direction tendant à devenir incertaine, il y aurait quelque difficulté à concevoir que des chaînes parallèles à un même grand cercle fussent le résultat d'un même ridement ; aussi M. de Beaumont regarde-t-il comme très-probable que la plus grande partie des systèmes de montagnes de l'Amérique du Sud sont différents de ceux dont l'Europe est le centre. Les systèmes de montagnes, formés successivement dans une même contrée, ont des directions qui se croisent suivant des angles très-ouverts, et le plus souvent même très-rapprochés de l'angle droit ; il résulte de là que les mêmes directions se reproduisent parfois presque également après une succession de plusieurs systèmes. Les systèmes de montagnes, d'une date ancienne, sont très-morcelés, usés et très-peu saillants; aussi, lorsque dans une contrée, connue géologiquement, il se trouve des chaînons ayant une direction commune à plusieurs systèmes, ne doit-on pas hésiter à les attribuer à celui de ces systèmes qui est le plus récent. La direction ne constitue donc pas à elle seule un caractère suffisant pour rapprocher une chaîne de montagnes d'un système bien connu ayant même direction ; il faut en outre qu'elle ait été produite à la même époque, ce qui ne peut se décider que par la détermination de l'âge des couches *redressées*, qui entrent dans la composition de la chaîne, et qui lui sont antérieures, et des couches *horizontales* qui ont été déposées postérieurement au pied.

Les chaînes de montagnes sont les traits les plus généraux du relief de la surface du globe, ainsi que les traces les plus caractéristiques des bouleversements arrivés dans l'écorce terrestre ; mais elles ne sont que les accidents les plus saillants d'un système de montagnes. Les intervalles qui les séparent présentent une multitude d'autres particularités, telles que vallées, failles, élévations, abaissements et contournements des couches, qui, moins sensibles pour le géographe, n'en sont pas moins très-appréciables pour le géologue. La formation de ces systèmes a déterminé les divisions que présente la série des terrains de sédiment en occasionnant des discordances de stratification, des changements dans la configuration des nappes d'eau, soit marine, soit douce, et aussi sur les mêmes points un renouvellement le plus souvent complet des espèces animales et végétales. Ce serait toutefois une grande erreur de croire qu'une chaîne de montagnes a été formée tout entière d'un seul coup à une époque déterminée. Une chaîne résulte, au contraire, le plus souvent de plusieurs dislocations et élévations successives ; mais elle appartient au système qui a produit les accidents principaux, et la plus grande somme d'élévation. Ainsi, dans la petite chaîne des Vosges, on a constaté l'existence d'accidents se rapportant à une douzaine de systèmes ; mais il n'y en a que deux qui aient eu une influence marquée sur son relief, celui des *Ballons* et celui du *Rhin*. Les Alpes portent l'empreinte de plus de cinq systèmes, et cependant les grands traits ne dépendent que de trois, ceux du *Mont-Viso*, des *Alpes occidentales* et des *Alpes principales*. Dans les Pyrénées on a constaté l'existence de sept systèmes, mais c'est à un seul, celui des *Pyrénées*, qu'est attribuée l'élévation de la chaîne. La Bretagne porte l'empreinte d'une dizaine de révolutions, et pourtant elle n'est qu'un simple plateau dont le point culminant dépasse à peine 400 mètres.

Systèmes successifs. — M. Élie de Beaumont admet en Europe l'existence de vingt *systèmes de montagnes*, dont les plus anciens ne sont, à proprement parler, que des *systèmes de dislocations*, car ils n'ont donné lieu à la formation d'aucune véritable chaîne de montagnes. Chacun des différents systèmes les plus proéminents et les plus récents de l'Europe comprend une série de chaînes parallèles qui s'étend bien au delà des contrées dont on connaît la structure géologique. Comme on a reconnu, de proche en proche, que les chaînes parallèles sont en général contemporaines, on n'a aucune raison pour supposer que chacun de ces vastes systèmes ne doit pas son origine à une seule époque de dislocation. Voici l'énumération de ces divers systèmes, avec leur direction, leur âge et l'indication des chaînes de montagnes qui sont rattachées à chacun d'eux :

A. Systèmes contemporains des terrains de transition.

Schistes verts satinés de Belle-Ile.

1º *Système de la Vendée* (Vannes : N. 22º 30′ O.). Bretagne, Scandinavie.

Schistes cumbriens de Bretagne.

2° *Système du Finistère* (Brest : E. 21° 45′ N.). Bretagne, Scandinavie.

Ardoises vertes du pays de Galles.

3° *Système du Longmynd* (Binger-Loch : N. 31° 15′ E.). Bretagne, Scandinavie.

Série fossilifère du calcaire de Bala.

4° *Système du Morbihan* (Vannes : E. 38° 15′ S.). Bretagne, Scandinavie.

Terrain silurien, à l'exception des Llandeiloflags.

5° *Système du Westmoreland et du Hundsruck* (Binger-Loch : E. 31° 30′ N.). Grampians, Westmoreland, Hundsruck et Taunus, Laponie norvégienne, crêtes montagneuses de la Chine? Nouvelle-Guinée? Nouvelle-Calédonie?

Terrain devonien; calcaire carbonifère.

6° *Système des Ballons* (Vosges) *et des collines du Bocage* (Calvados) (Ballon d'Alsace : E. 16° S.), parties méridionales des Vosges et de la Forêt-Noire, N. du pays de Galles, Harz, collines de Sandomirz, Scandinavie; chaîne méridionale des monts Timan, à l'O. de l'Oural; partie septentrionale des Alleghanys.

Millstone grit.

7° *Système du Forez* (Pierre-sur-Haute : N. 15° O.). Chaîne du Forez, Scandinavie, monts Obdores, au N. E. de l'Oural.

Terrain houiller.

8° *Système du nord de l'Angleterre* (Yoredale : N. 5° O.). Axe montueux du N. de l'Angleterre, chaîne de Tarare, îles de Gothland et d'Oland.

B. Systèmes contemporains des terrains secondaires.

Grès rouge et zechstein.

9° *Système des Pays-Bas et du sud du pays de Galles* (Mons : E. 5° N.). En outre des pays énumérés, Scandinavie.

Grès des Vosges.

10° *Système du Rhin* (Strasbourg : N. 21° E.). Vosges septentrionales et Hardt, Forêt-Noire septentrionale et Odenwald, îles Hébrides!, Orcades, Shetland et Feroë, chaîne du Kiol dans les Alpes scandinaves.

Terrain triasique.

11° *Système du Thuringerwald, du Bohmerwald-Gebirge et du Morvan* (Greifenberg : E. 39° S.). En outre des chaînes énumérées, Attique, Eubée, îles Cyclades, Scandinavie? Nouvelle-Écosse, chaînes voisines du Lac Supérieur? monts Osark.

Terrain jurassique.

12° *Système du Mont-Pilat, de la Côte-d'Or et de l'Erzgebirge* (Dijon : E. 40° N.). En outre des chaînes énumérées, Cévennes, Jura moyen; divers chaînons de l'Oural, Altaï occidental.

Terrain crétacé.

13° *Système du Mont-Viso et du Pinde* (Mont-Viso : N. 22° 30′ O.). Alpes du Dauphiné et de Nice, Jura S. O., chaîne du Pinde.

C. Systèmes contemporains des terrains tertiaires.

Terrain éocène.

14° *Système des Pyrénées* (Maladetta : E. 18° S.). Chaîne des Pyrénées du cap Ortegal à la Méditerranée, divers chaînons en Provence, Alpes-Maritimes, Apennin médian de Gênes à Ancône, chaînes Illyriennes, Achaïe, Crète, Carpathes, Caucase occidental, chaînes au N. E. de la Mésopotamie et du golfe Persique, de Guzerate, des Neilgherrys et du Mysore; chaînon de l'Edough et chaînes diverses d'Algérie, de Tunis et de Tripoli; la plus grande partie de la chaîne des Alleghanys.

15° *Système des îles de Corse et de Sardaigne* (cap Corse : N.). Jura méridional, chaînes entre l'Allier, la Loire et la Saône, Corse et Sardaigne; Algérie, Liban.

Terrain miocène inférieur (grès de Fontainebleau).

16° *Système de l'île de Whigt, du Tatra, du Rilo–Dagh et de l'Hémus* (Lomnica : E. 4° 50′ S.). En outre des chaînes énoncées, Jura de Porrentruy, Alpes Illyriennes, île d'Elbe, Crète, Algérie, Sumatra.

Terrain miocène moyen (meulières de Montmorency).

17° *Système du Sancerrois et de l'Erymanthe* (Sancerre : E. 26° N.). Crête à l'E. de Sancerre, Montagne-Noire (Hérault), chaînon de l'Erymanthe en Morée, Crète, îles Nicaria, Amorgos, Cos et quelques crêtes côtières de l'Asie-Mineure, Algérie.

Terrain miocène supérieur (faluns de la Touraine).

18° *Système des Alpes occidentales* (Dauphiné : N. 26° E.). Chaînons alpins de Marseille à Zurich, Jura méridional, chaînons divers du Maroc et de Tunis, de Sicile, de Calabre, de Toscane, Alpes Apuennes, chaîne du Kiolen dans les Alpes scandinaves ; île de Rhodes, chaînons divers de l'Asie-Mineure, chaîne méridionale de la Crimée.

Terrain pliocène.

19° *Système de la chaîne principale des Alpes* (depuis le Valais jusqu'en Autriche) (au N. de Minorque : E. 16° 25′ N.). En outre de la chaîne principale des Alpes, chaînons de la Provence, chaînes diverses de l'Espagne centrale, Sierra-Nevada de Grenade, îles Baléares, chaîne côtière septentrionale de la Sicile, Crète, principaux chaînons de l'Atlas entre la Méditerranée et le Sahara, crête orientale du Balkan, Taurus, Caucase central, Paropamissus, Indou-Kosch, Himalaya.

Diluvium et partie ancienne des alluvions.

D. Système postérieur aux terrains tertiaires.

20° *Système du Ténare, de l'Etna et du Vésuve* (Etna : N. 8° 21′ O.).

Ainsi qu'on peut le voir, les chaînons qui se rattachent à un système sont d'autant plus nombreux et plus élevés, que celui-ci est plus récent ; et il devait en être ainsi, car à mesure que l'écorce terrestre augmentait d'épaisseur, les cataclysmes devaient devenir plus considérables et moins fréquents. Jusqu'au dixième système, les chaînons pro-

duits eurent si peu d'élévation qu'il n'a pas dû être fait
mention ici de la plupart d'entre eux. Les Vosges méridionales qui dépendent du sixième système n'atteignirent
pas 800 mètres au-dessus de la nappe d'eau dans laquelle
se déposait le terrain houiller voisin de Ronchamp, et, dit
M. de Beaumont, « cette faible hauteur suffisait probablement pour faire alors du *Ballon d'Alsace* un des rois
des montagnes de l'Europe. Parmi les inégalités de la
surface du globe, dont on peut attester que l'origine remonte à une époque aussi reculée, on en citerait difficile-
ment de plus considérables. » Ces hauteurs ont été bien
dépassées plus tard, puisque la plus haute cime de l'Himalaya, le mont Everest ou Gaourichnaka, qui appartient
au dix-neuvième système, s'élève à 8840 mètres au-dessus
du niveau de la mer. Le Ballon d'Alsace, malgré les élévations subséquentes qu'il a éprouvées, n'a pu atteindre
que 1429 mètres, et il est aujourd'hui un bien humble
satellite du roi actuel de l'Europe, le Mont-Blanc (4815
mètres), dont la dernière élévation se rapporte au dix-
neuvième système.

En 1869, M. Élie de Beaumont disait que, « en 1852,
en réunissant à ses recherches personnelles sur les différents systèmes de montagnes qui traversent l'Europe une
indication abrégée des travaux faits sur le même sujet,
soit en Europe, soit dans d'autres parties du monde, par
différents géologues, il estimait que, toute réduction faite,
le nombre des *systèmes de montagnes* réellement distincts
qui ont été étudiés jusqu'à présent n'est pas inférieur à
une soixantaine ; il y a lieu de penser que, si l'étude ne
se ralentit pas sur ce point, le nombre s'élèvera avant peu
d'années à plus de cent. Mais il est probable que le
nombre cent sera considérablement dépassé, car les parties de la surface du globe où on a étudié le partage des
montagnes en systèmes ne forment pas la moitié des
surfaces terrestres émergées, et en étudiant la seconde
moitié de ces surfaces, lorsque la possibilité de les par-
courir existera, on ne se bornera certainement pas à y re-

connaître la prolongation des systèmes de montagnes déjà connus, et on en découvrira de nouveaux ; on en trouvera même de nouveaux dans des contrées déjà étudiées.

« Cette multiplication n'est pas indifférente, car elle tend naturellement à prouver que le groupement des montagnes en systèmes se présente à l'observation, d'une manière également facile, dans toutes les parties de la surface du globe. La comparaison des différents systèmes entre eux tend à préciser davantage les lois auxquelles ils sont assujettis. Ainsi, à mesure que le nombre des systèmes de montagnes augmente, on voit augmenter aussi le nombre des exemples de la *récurrence des directions*, c'est-à-dire des systèmes d'âges différents ayant néanmoins des orientations semblables.

« En voyant se multiplier ainsi les systèmes de montagnes, plusieurs personnes ont pensé que, par cette multiplication même, la notion du soulèvement des montagnes et des révolutions du globe semblait en quelque sorte s'égrener et perdait ainsi de sa grandeur.

« Elle ne perd cependant que le vague dont elle était d'abord entourée. Le système des Pyrénées, celui des Alpes occidentales, celui des Alpes principales et de l'Himalaya, restent ce qu'ils étaient de prime abord. Ils ne perdent rien de leur grandeur propre pour avoir été précédés ou accompagnés d'autres systèmes analogues, tels que ceux du mont Seny, du Tatra, du mont Viso, de Madagascar, des montagnes Rocheuses, des Andes du Chili, etc., etc. Mais la similitude de structure de tous ces systèmes précise de plus en plus nettement la notion du système de montagnes, à mesure que les exemples s'en multiplient, et en fait de plus en plus l'unité fondamentale de l'analyse stratigraphique de l'écorce terrestre. Le phénomène de la production d'un système de montagnes, quand on le voit répété près de cent fois, perd de plus en plus le caractère d'un accident fortuit, et amène de plus en plus à l'idée d'une cause constante et régulière, dont l'action est d'une nature intermittente.

« Mais la multiplication des systèmes de montagnes a conduit d'une manière plus positive encore à l'unification de leur ensemble, car elle a permis de reconnaître que *leurs directions sont corrélatives les unes aux autres ;* d'où il résulte qu'ils forment un tout dont les différentes parties, produites successivement, sont connexes entre elles. »

Système futur. — « Les observations qui conduisent à présumer que les deux systèmes (Ténare et Andes) pourraient être postérieurs à l'origine de l'homme, dit M. Élie de Beaumont, paraissent encore mériter confirmation. Jusqu'à présent les questions de ce genre ont été plus souvent éludées qu'abordées par la science, et ont été traitées comme sortant en quelque sorte du domaine de la géologie ; mais on ne voit pas pourquoi la géologie s'arrêterait au point où commence l'histoire.... Des crises violentes, accompagnées de l'élévation de chaînes de montagnes, et suivies de mouvements impétueux des mers, capables de désoler de vastes étendues de la surface du globe, paraissent avoir, pendant un laps de temps probablement immense, fait partie du mécanisme de la nature ; il n'y a rien d'absurde à admettre que ce qui est arrivé à un grand nombre de reprises, depuis les plus anciennes jusqu'aux plus modernes périodes de l'histoire de la terre, soit arrivé une fois depuis que l'homme existe à sa surface. Par cela seul que la hauteur actuelle du Mont-Blanc et du Mont-Rose ne date que des dernières révolutions de la surface du globe, il est visible que, quelle que soit la place définitive que pourront occuper dans la même série d'autres montagnes plus hautes encore, cette série ne prendra jamais cette forme longuement et régulièrement décroissante, qui conduirait directement à conclure que la limite est atteinte. Rien n'indiquera que des phénomènes, dont les derniers paroxysmes ont été si violents, ne se renouvelleront plus. Quelque provisoire que soit la succession de termes qui résulte de l'état actuel des observations, il est difficile d'y prévoir une modification qui

change son aspect au point de porter à supposer que l'é-
corce minérale du globe terrestre ait perdu la propriété
de se rider successivement en différents sens; il est difficile d'y prévoir un changement qui permette d'assurer que
la période de tranquillité dans laquelle nous vivons ne
sera pas troublée à son tour par l'apparition d'un nouveau
système de montagnes, effet d'une nouvelle dislocation du
sol que nous habitons, et dont les tremblements de terre
nous avertissent assez que les fondements ne sont pas
inébranlables. Tout nous conduit donc à supposer que les
causes qui ont produit les phénomènes géologiques subsistent encore, et que la tranquillité dont nous jouissons
aujourd'hui est due à leur sommeil bien plutôt qu'à leur
anéantissement. »

CHAPITRE XI.

FILONS ET AMAS MÉTALLIFÈRES.

Gisement. — Les minerais de la plupart des métaux usuels sont extraits des *gîtes particuliers*, gîtes accidentels et circonscrits, qui ont été intercalés dans les roches par des phénomènes spéciaux. Ces gîtes ne sont cependant pas des accidents fortuits ; ils sont assujettis à certaines règles de gisement dont l'étude a créé la science géologique. Les gîtes particuliers contiennent ordinairement les métaux de prix ; ce sont eux qui ont développé l'exploitation et par conséquent toutes les sciences qui s'y rattachent. Les minerais de cuivre, de plomb argentifère, les minerais d'argent, ont donné lieu aux travaux souterrains les plus nombreux et les plus développés.

Les métaux ne se trouvent qu'exceptionnellement à l'état natif (sauf l'or et le platine) ; la nature nous les présente engagés dans des combinaisons plus ou moins compliquées d'où l'art métallurgique doit les extraire. Ces combinaisons ne se rencontrent elles-mêmes que bien rarement sous un volume un peu considérable, à l'état de pureté, et sont mélangées d'autres substances ; de telle sorte que la dénomination de *minerais* s'applique à des minerais complexes dans lesquels une combinaison métallique est en quantité suffisante pour être extraite par les procédés métallurgiques ; en d'autres termes, un minerai est une roche métallifère susceptible d'exploitation.

Il existe dans cette définition une considération industrielle relative à l'emploi des métaux et surtout à leur prix commercial. Une roche contenant 1/10 de fer ne sera pas un minerai de fer, tandis qu'on pourra donner le nom de minerai d'argent à des masses minérales qui ne contiendront que 1/500 d'argent. Pour les principaux métaux, les limites inférieures des minerais, c'est-à-dire celles au-dessous desquelles on ne tente plus l'abatage des roches métallifères, peuvent être actuellement établies ainsi qu'il suit, en supposant que ces roches soient consistantes : le fer 1/3, le plomb 1/30, le zinc 1/20, le cuivre 1/30, l'argent 1/1000, l'or 1/10 000. Les procédés actuels d'exploitation et de métallurgie ne permettent guère l'extraction au-dessous de ces teneurs.

On appelle *gangues* les substances qui accompagnent les combinaisons métalliques. Les gangues varient souvent de composition et de caractères, suivant les métaux qu'elles accompagnent. Tantôt elles sont tout à fait distinctes et faciles à séparer des parties métallifères ; tantôt leur mélange est si intime qu'on fond le tout ensemble ; d'autres fois les deux cas se présentent dans le même gîte. On considère souvent les gangues dont on ne peut se débarrasser par un simple cassage et triage comme faisant partie des minerais. Quant à la dénomination de roches métallifères, elle est beaucoup plus étendue et s'applique ordinairement au terrain qui contient à la fois les gangues et les minerais. C'est ainsi que certains porphyres ont été appelés porphyres métallifères, parce qu'ils accompagnaient souvent les gîtes de minerai.

Les gîtes particuliers affectent des formes spéciales, indépendantes de la stratification ; formes qui leur assignent une origine postérieure aux terrains dans lesquels ils se trouvent enclavés.

Les gîtes particuliers se rapportent à deux types de formes : 1° les *filons* ou gîtes réguliers ; 2° les *amas, veines, stockwerks*, et les *gîtes métamorphiques* ou gîtes irréguliers.

Les filons sont des masses minérales aplaties, comprises sous deux plans à peu près parallèles, et coupant la stratification des terrains dans lesquels elles se trouvent. On peut se les représenter comme des cassures ou fentes plus ou moins considérables faites dans l'écorce du globe, et postérieurement remplies par diverses substances minérales parmi lesquelles se trouvent souvent les minerais. La masse d'un filon est donc une plaque à parois plus ou moins ondulées, de la dimension de la fente préexistante, et dont la position n'a aucun rapport avec la stratification du sol, de même que sa composition est généralement tout à fait distincte.

La dénomination d'amas n'entraîne aucune forme déterminée, non plus que celle de stockwerk, qui s'applique aux amas dans lesquels le minerai est plutôt disséminé dans les fissures des roches que rassemblé en masse dont on puisse figurer les contours.

Ces définitions sont d'autant plus vagues qu'il existe des transitions fréquentes entre les gîtes en filons et ceux en amas; et l'on ne saurait se rendre compte des formes, de leurs variations et de leurs accidents, si l'on n'a d'abord été fixé sur le mode de formation des gîtes. Nous avons dit que les filons devaient être considérés comme des fentes produites dans la croûte solide du globe; ces fentes ont été remplies postérieurement par des gangues provenant à la fois des influences extérieures et intérieures, c'est-à-dire par des matières venues de haut en bas et de bas en haut; ces gangues se sont pénétrées de combinaisons métallifères, qui toutes paraissent devoir être attribuées à des émanations souterraines.

L'origine des amas et des stockwerks doit être considérée comme se confondant avec celle des filons sous le rapport du mode de remplissage; mais, sous le rapport des phénomènes qui ont déterminé la forme des gîtes, il existe des distinctions essentielles. Les amas paraissent liés d'une manière bien plus immédiate aux grandes perturbations géogéniques qui, à des intervalles différents, ont accidenté la surface du globe. Comme gisement, leur connexion avec celui des roches ignées est bien plus intime; souvent même la sortie directe des amas métallifères paraît avoir été, comme celle des roches ignées elles-mêmes, le résultat direct d'une action expansive agissant énergiquement de bas en haut, soulevant et brisant les dépôts sédimentaires superposés.

Indiquons de suite quelques termes techniques employés dans les mines pour désigner les diverses parties des gîtes. On appelle *toit* (hangende) le plan droit ou ondulé qui forme la limite supérieure d'un gîte ; le plan inférieur est le *mur* (liegende). Souvent le toit et le mur sont séparés du gîte par des roches détachées et d'une autre nature que la masse : ces parties sont les *salbandes* (saalbander). On appelle *épontes* les portions de roches encaissantes qui forment le toit ou le mur. Les points où le gîte perce à la surface du sol sont les *affleurements*. La ligne d'intersection d'un plan horizontal avec le plan d'un filon en détermine la *direction;* l'inclinaison est l'angle que forme le plan de direction avec l'horizon.

Composition. — Les minéraux qui forment les filons métalliques n'ont, en général, aucune relation avec les roches encaissantes, sauf les cas où ils contiennent des débris de ces roches qui paraissent provenir d'écroulements des épontes pendant le remplissage du filon.

La masse des filons est, dans la plupart des cas, formée par les gangues, qui sont : 1º la silice, soit sous forme de quartz en tout ou partie cristallin, ordinairement translucide, et quelquefois en partie hyalin ; soit sous forme de jaspes et d'agates diversement nuancés, contenant, comme dans le cas précédent, des poches ou fours à cristaux ; 2º la chaux carbonatée, toujours cristalline et spathique, qu'elle soit pure ou mélangée, et passant souvent à la dolomie cristalline, au spath calcaire ferrugineux, au fer spathique, au spath rose manganésifère ; 3º le spath fluor, soit pur et cristallin avec ses nuances multipliées, blanches, vertes, jaunes, roses, rouges, bleues, violacées, et ses belles cristallisations cubiques ; soit mélangé avec le quartz ou le spath calcaire ; 4º la baryte sulfatée blanche, laminaire ou cristallisée, avec ses formes de prismes, de tables biselées, de crêtes striées ; 5º l'argile impure, quelquefois schisteuse, à laquelle il est difficile d'assigner une origine autre que la décomposition.

A ces gangues il faut ajouter les oxydes de fer, qui jouent souvent le rôle de gangue relativement aux autres métaux, l'yénite et la plupart des silicates magnésiens qui entrent dans la composition des roches ignées, tels que le talc, la serpentine et surtout l'amphibole; enfin les roches du toit et du mur en fragments empâtés qui donnent souvent à l'ensemble de la masse un aspect bréchiforme. Plus rarement on trouve de véritables débris étrangers aux terrains encaissants, ayant forme de blocs ou de galets roulés.

Toutes les matières qui remplissent les filons, gangues et minerais, sont à l'état cristallin; les roches provenant de l'écroulement des parois, ou tombées de l'extérieur, font toutes exception à cette règle qui constitue un caractère spécial des gîtes particuliers. C'est l'exploitation de ces gîtes qui fournit en grande partie les cristaux isolés ou groupés qui ont servi à l'étude de la minéralogie. Les belles cristallisations de quartz, spath fluor, baryte sulfatée, spath calcaire ou dolomitique, jointes aux groupes cristallisés de galène, blende, antimoine sulfuré, cuivre gris, pyrite, cuivre carbonaté, etc., qu'on voit dans les collections minéralogiques, donnent cependant une faible idée de cet état cristallin des filons. Tous ces morceaux de choix appartiennent aux géodes ou cavités dans lesquelles la cristallisation a pu se développer d'une manière complète; mais, dans les minéraux qui remplissent la masse du filon, l'état cristallin n'est indiqué que par une texture fibreuse ou clivable; les cristaux déterminables sont des cas exceptionnels.

Structure. — Celle des filons est intimement liée à leur forme, et assujettie à des lois aussi intéressantes pour leur théorie que pour leur exploitation. Lorsque la composition n'éprouve pas de perturbations par le mélange des roches du toit et du mur, et que les gangues sont de plusieurs espèces, ces gangues ne sont pas mélangées confusément ; elles affectent une disposition parallèle aux salbandes, et sont symétriques relativement au toit et au mur ; c'est-à-dire que si, à partir du toit, l'on découvre une bande de spath calcaire, puis une de spath fluor, puis une de quartz, puis une autre de sulfate de baryte avec galène, on trouvera à partir du mur le spath calcaire, le spath fluor, le quartz et le sulfate de baryte galénifère, disposés dans un ordre identique et même avec des épaisseurs proportionnelles dans les deux parties ; cette structure est la *structure rubannée.*

Un filon sera donc composé de plaques successives, identiques deux à deux, et disposées symétriquement, à portée du toit et du mur ; et, comme les ondulations du toit et du mur ne se correspondent pas dans la plupart des cas, les deux dernières épaisseurs de gangues ne pouvant se réunir sans qu'il y ait altération de cette loi de symétrie, il arrive souvent qu'une nouvelle espèce minérale, soit stérile, soit métallique, remplit ces vides intermédiaires ; d'autres fois il y reste des espaces vides, et c'est dans ces espaces que se rencontrent ces *druses,* ces *fours* ou *poches* à cristaux, qui forment encore un caractère distinctif de la structure des filons.

Cette loi est applicable non-seulement aux variations de composition des gangues, mais à leurs variations de couleur et de structure. Elle est applicable à la présence de telle substance métallifère disséminée dans une même gangue ; en sorte que la coupe d'un filon peut présenter, à partir du toit et du mur, le quartz jaspe coloré, le quartz blanc cristallin, le quartz galénifère, la blende, en tout sept ou huit épaisseurs, symétriques et semblables deux à deux. On a signalé des filons où il y avait ainsi sept variations de composition, de structure et de couleur, à partir d'une salbande jusqu'au centre.

Les minéraux cristallins échappent aux lois qui régissent la sédimentation. Si l'on étudie les dispositions que prennent des cristaux quelconques lorsque l'on fait cristalliser des substances, soit par voie humide, soit par voie sèche, on reconnaît que ces cristaux se fixent sur les parois verticales ou inclinées des cristallisoirs ou des cheminées de sublimation, et s'accroissent suivant des plans parallèles à ces parois. Il en est de même pour les filons, et, soit que les matières cristallines qui les remplissent aient été produites par sublimation ou par dépôt, il est naturel de les trouver disposées, à partir du toit et du mur, suivant leur époque de formation.

Considérés dans l'ensemble de leur allure, les filons sont sujets à un grand nombre d'*accidents* et de variations de forme. Ils se renflent, se rétrécissent, et sont même supprimés momentanément par des étranglements complets; souvent ils sont croisés par d'autres filons ou de simples fentes qui les interrompent et leur font subir des rejets ; d'autres fois, ils changent eux-mêmes de place par des courbures, des inflexions inhérentes à leur nature ; dans certains terrains, ils sont nets et bien formés, tandis que dans d'autres ils se divisent et se ramifient.

S'il est beaucoup de cas où des filons se sont appauvris et ont diminué de puissance en profondeur, il n'en est pas un seul où l'on ait pu constater une limite inférieure. Ainsi donc, malgré les irrégularités des filons, toutes les fois qu'on aura constaté la direction et l'inclinaison de l'un d'eux, un travail fait pour aller le recouper en profondeur sera toujours certain, et ne sera exposé qu'aux chances ordinaires des variations de puissance et de richesse, sans que la suppression en profondeur soit jamais à craindre.

Dimension. — Rien n'est plus variable pour les filons métallifères. Le filon argentifère de la Veta-Madre, près Guanaxuato, au Mexique, est le plus puissant des filons exploités. Sa puissance varie de trente à quarante-cinq mètres; il a été suivi sur une longueur de plus de douze mille mètres, et ses travaux dépassent quatre cents mètres de profondeur. Parmi les filons célèbres par leur puissance, on peut citer le filon de la Croix, près de Sainte-Marie-aux-Mines, dans les Vosges ; sa puissance

est de vingt à vingt-cinq mètres, et, dans certains renflements, elle atteint celle de la Veta-Madre. Mais le minerai est loin d'y être en rapport avec la puissance, et les
exploitations, ouvertes de temps immémorial, ont été
abandonnées par suite des frais nécessités par l'écoulement des eaux. Ce filon peut être suivi sur une longueur
de huit mille mètres.

Les filons de cinq cents mètres de continuité en direction sont de petits filons, et nous en pourrions citer un
beaucoup plus grand nombre qui dépassent mille mètres.
Les filons de Freiberg offrent des exemples fréquents de
quatre mille mètres de continuité reconnue; ceux du Harz
ont de quatre mille à huit mille mètres; on compte six
mille mètres, au moins, à Holzappel; enfin, quelques
filons atteignent douze mille mètres et au delà.

Le filon le Samson, d'Andreasberg, n'est connu que sur
une longueur de sept cents mètres en direction; or, ce filon
est aujourd'hui exploré jusqu'à la profondeur de huit cents
mètres sans qu'aucune altération dans son allure ait pu
faire présumer une suppression. Voici donc un exemple
d'un filon dont la continuité suivant l'inclinaison dépasse
de beaucoup la continuité en direction; mais le Samson
n'est qu'une fissure du sol de soixante centimètres d'é-
cartement moyen.

Les filons du cercle d'Andreasberg, si différents, dans
les conditions de leur allure, des filons de Clausthal, nous
offrent un exemple non moins frappant de la continuité
des minerais en profondeur. Ces filons, en 1812, étaient
explorés jusqu'à la profondeur maximum de cinq cent dix
mètres; on y avait trouvé le minerai en rubannements
interrompus dans tous les sens, ayant quinze à trente
mètres, au plus, de continuité. A six cent soixante mètres,
on a trouvé un des plus beaux rubannements dont on ait
conservé la mémoire, et l'ensemble des mines a été approfondi jusqu'au maximum de huit cents mètres, sans
qu'il y ait eu de perturbation dans les conditions géné-
rales de répartition des minerais.

Ainsi, beaucoup de filons présentent, en direction, des zones pauvres ou stériles qui ont ordinairement beaucoup plus d'importance ; en suivant les filons suivant leur inclinaison, on a trouvé que ces zones étaient continues, qu'elles se répétaient avec les mêmes caractères dans les étages inférieurs, et cela jusqu'à des profondeurs considérables ; de telle sorte que les parties métallifères formaient des espèces de colonnes ou cheminées montantes de fond qui n'étaient guère interrompues que par des serrements.

Suivant les opinions que les géologues ont adoptées sur la formation des filons, les uns ont supposé qu'ils devenaient plus larges en s'approfondissant ; les autres, au contraire, ont admis que ces fentes se resserraient et se terminaient en coin. Le Cornouailles fournit des exemples nombreux de l'un et l'autre cas. Tantôt les filons sont plus larges à leur partie inférieure, et tantôt ils sont plus puissants à une certaine hauteur.

Altérations supérieures. — Beaucoup de gîtes métallifères, réguliers ou irréguliers, présentent, dans leurs parties supérieures, une composition qui se modifie en profondeur ; ces variations, qui portent à la fois sur les gangues et les minerais, ont été attribuées, dans la plupart des cas, soit à des altérations spontanées, soit à des transports moléculaires postérieurs à leur formation.

Ainsi on connaît dans tous les pays de mines le fait si fréquent de l'altération des affleurements, auxquels les Allemands ont donné le nom de *chapeaux de fer*, et que dans le Cornouailles on désigne sous la dénomination de *gossan*. Le trait le plus saillant de cette altération est, en effet, la coloration de la masse par les couleurs ochreuses dues à la décomposition des pyrites, et un ramollissement général du gîte, dont les gangues argileuses sont *pourries*, suivant l'expression des mineurs, et les gangues quartzeuses *cariées* et caverneuses.

Ces modifications n'atteignent pas seulement les affleurements, elles s'étendent à des profondeurs variables, mais qui souvent dépassent cinquante mètres, et vont même dans certains cas au delà de cent mètres. Dans ces régions supérieures, les minerais caractéristiques des gîtes sont également dans des conditions minéralogiques toutes particulières. Les filons plombifères, par exemple, dont la galène est le minéral normal en profondeur, nous présentent, dans toute la région supérieure, le carbonate et le phosphate de plomb fréquents, ou même dominants, le sulfate, l'arséniate, le chlorure, étant accidentels. L'argent, si intimement mélangé à la galène normale, est isolé, à l'état d'argent natif, en filaments, rameaux et dendrites, quelquefois à l'état de chlorure et de bromure. La blende semble aussi transformée, et le zinc se présente à l'état de carbonate ou de silicate.

Les gîtes cuprifères sont ceux qui offrent les différences les plus complètes et les plus saillantes. Ainsi, tandis que les minerais sulfurés, panachés ou pyriteux, constituent en profondeur le minerai normal, la région modifiée, que l'on peut appeler celle du *gossan*, offre du cuivre natif, des oxydes terreux ou cristallins, des hydrosilicates, des hydrocarbonates, des phosphates, des arséniates, des chlorures; minéraux remarquables par leurs belles couleurs, et qui donnent alors aux gîtes une physionomie toute spéciale.

Le passage de ces minerais des régions supérieures aux sulfures, qui les excluent en profondeur, ne se fait pas d'une manière brusque. Il y a toujours une zone de caractères mixtes où les minerais sont mélangés.

Un autre caractère concorde avec celui de la transformation de la composition en profondeur, c'est celui de la structure. Dans les filons, par exemple, on sait que la structure rubannée, c'est-à-dire en zones parallèles au toit et au mur, est un fait généralement observé; et ce rubannement n'existe plus dans les parties altérées des régions supérieures, qui ont une structure toujours massive sans régularité.

Associations. — Il est très-rare qu'un filon soit isolé

dans une contrée; il existera, par exemple, sinon d'autres
filons de même espèce, au moins des filons stériles, ou
des filons caractérisés par d'autres minerais. Dès qu'il
existe plusieurs filons, il y a nécessairement des relations
entre eux. Considérés sous le rapport purement graphi-
que, des filons peuvent être parallèles; s'ils ne sont pas
parallèles, il peut arriver qu'il y ait des croisements.

Si nous supposons la rencontre de deux filons, il y
aura ordinairement un filon *croiseur* et un filon *croisé*;
de là, une distinction dans l'âge de formation; le filon
croiseur sera évidemment plus moderne que le filon
croisé.

Un filon croiseur se distingue facilement en ce qu'il
n'éprouve dans son allure aucune interruption; le filon
croisé, au contraire, éprouve une solution de continuité
par le seul fait de cette rencontre. Supposons, en outre,
c'est le cas le plus ordinaire des filons, que le croiseur ait
produit une *faille*, c'est-à-dire qu'il y ait eu déplacement
relatif des deux parois, il en résultera nécessairement un
rejet, c'est-à-dire que, même après avoir traversé l'épaisseur du croiseur, on ne retrouvera pas le plan du filon
croisé dans le prolongement naturel de la partie connue.
Lorsque deux filons se coupent, la direction du rejet est
intéressante à connaître pour le géologue comme pour le
mineur. En Saxe, on donne pour règle générale que là
partie rejetée est toujours du côté de l'*angle obtus*, c'est
aussi généralement le cas en Cornouailles; et plus l'angle
est obtus, plus le rejet est considérable.

Les faits qui ressortent de l'examen des filons sont :
que les filons formés à une même époque ont généralement une composition identique et sont parallèles; c'est-
dire que, le sol ayant été d'abord fracturé dans une direction déterminée, ces fentes ont été remplies, qu'il s'en
est formé d'autres dans une nouvelle direction qui ont été
remplies par d'autres substances, lesquelles ont été suivies de nouvelles fentes appartenant à un autre système,
et ainsi de suite. Ces phénomènes ont été signalés par

Werner, qui posait ainsi la première base de la théorie des révolutions du globe, de M. Élie de Beaumont; théorie qui a mis en évidence le principe de parallélisme des grands accidents du globe terrestre.

Les relations, résultant à la fois de la direction et de la composition, furent d'abord observées en Saxe et dans le Harz, où Werner reconnut que les filons de même composition étaient parallèles entre eux, et que les filons de composition différente couraient généralement dans des directions différentes. Ainsi, à Ehrenfriederdorff, des filons argentifères, dirigés N. S., coupent des filons d'étain dirigés E. O.; chacun de ces systèmes de composition comprend une série de filons dont les directions et les inclinaisons sont parallèles. Dans le Cornouailles, on a reconnu neuf systèmes de filons : deux systèmes de filons d'étain, un de porphyre, trois de cuivre, un de quartz et un d'argile, dont l'ordre géognostique et les directions ont été constatés.

Cornouailles. — Des protubérances granitiques, *growan*, forment comme autant de noyaux autour desquels se groupent les roches qui constituent le reste du pays. Chacune est environnée par une bande de schiste argileux verdâtre, *killas*, passant quelquefois au schiste talqueux ou au schiste amphibolique.

Des dépôts d'étain et de cuivre existent dans le granite et dans les roches schisteuses : le premier de ces métaux se trouve aussi disséminé en stockwerks ou petits filons dans un porphyre, *elvan*, lequel forme lui-même, au milieu des roches schisteuses et du granite, des filons proprement dits très-puissants, qui coupent quelquefois les filons métallifères ou dérangent leur allure.

Les filons d'étain, très-nombreux dans le granite, le sont moins dans le killas. Les filons de cuivre, au contraire, sont abondants dans le killas et très-rares dans le granite.

Le Cornouailles est traversé par plusieurs systèmes de filons métallifères et pierreux. Leurs directions, à peu près uniformes, semblent nous indiquer que la force qui a produit ces fentes a dû agir à des époques différentes, mais, à très-peu d'exceptions près, dans une direction constante.

Les rejets qu'éprouvent les divers systèmes de filons par leurs rencontres réciproques nous font connaître leur âge relatif: leur composition est également, en Cornouailles, un caractère qu'on peut employer pour assigner leur ancienneté; car, par exemple, les filons dont la gangue est composée de quartz et autres minéraux durs sont plus anciens que les filons à salbandes argileuses.

Outre ces filons métallifères, il existe certains filons pierreux, comme ceux d'elvan et ceux d'argile, qui, étant intimement liés avec les premiers, doivent être décrits avec eux.

Nous classerons ces différents filons dans l'ordre suivant :

1º Filons d'elvan (elvan-courses ou elvan-channels) de l'E. à l'O., plongent souvent de 45 au N.

2º Filons d'étain (tin-lodes) plus anciens (au N. 5-15º O.), et plus récents (au S. 5-15ºO) que l'elvan, inclinés de 30 à 72º.

3º Filons de cuivre E. à O. (East and West cooper-lodes), de 35 à 70º.

4º 2º système de filons de cuivre (contra copper-lodes), du S. E. au N. O. de 70º.

5º Filons croiseurs (cross-courses), du N. au S. ou du N. O. au S. E.

6º Filons de cuivre les plus modernes (more recent copper-lodes) E. à O.

7º Filons argileux anciens (cross-fleckens) N. au S. plongent à l'E.

8º Filons argileux modernes (Slides).

1º Les filons d'elvan ont de 2 à 120^m d'épaisseur et une longueur qui atteint jusqu'à 8 kilomètres.

2º La composition des filons d'étain est la même, quel que soit le système dont ils font partie : la gangue est tantôt de quartz, de chlorite, de quartz et de tourmaline, de quartz mélangé de chlorite, ou de quartz et de mica ; quelquefois tous ces éléments sont réunis dans un même filon. Ces filons, outre l'étain oxydé, renferment les minéraux métalliques anciens, le wolfram, les arséniates de fer et de cuivre, le nickel, le bismuth, l'urane, etc. Les pyrites de cuivre, quoique postérieures, y sont également fort abondantes.

3° La gangue des filons de cuivre anciens, de 2ᵐ d'épaisseur, est de quartz ou pur, ou mélangé de chlorite ; quelquefois elle est de chaux fluatée ou de ces deux éléments à la fois. Ces filons contiennent des pyrites de fer, de la blende, du cuivre sulfuré et beaucoup d'autres combinaisons de cuivre. La plupart sont accompagnés de petits filons argileux.

4° La composition des deuxièmes filons de cuivre est à peu près la même que celle des premiers, seulement ils contiennent plus de parties argileuses. Ils sont en général plus larges, et leur largeur moyenne peut être évaluée à 1ᵐ,30.

5° Les cross-courses, de 2ᵐ d'épaisseur, sont composés quelquefois presque entièrement de quartz ; mais souvent ils contiennent une grande proportion d'argile. Leur puissance moyenne de 2ᵐ en atteint jusqu'à 12. Quelquefois ils renferment du plomb.

6° La composition des troisièmes filons de cuivre, de 0ᵐ,60 d'épaisseur, quoique analogue aux autres, est cependant plus argileuse. Quelquefois ils renferment aussi du plomb.

7° Les filons argileux ont de quelques centimètres à 3ᵐ, et l'eau ne les traverse jamais.

8° Les slides traversent tous les autres filons ; ils sont composés d'argile dans un état plus terreux que dans les autres filons. Ils atteignent 0ᵐ,70 et sont peu inclinés à l'horizon.

Lozère. — Le massif granitique est entouré de tous côtés par des micaschistes, qui passent graduellement à des schistes à peine quartzeux et qui constituent le véritable terrain métallifère.

Les différents systèmes de filons, de failles, de fentes, dont l'existence est bien constatée dans les mines de Vialas, se retrouvent dans toute la contrée. Les matières minérales diverses ont pénétré dans les fentes aux époques suivantes :

1º E. 11º N. Quartz et pyrites; peu nombreux.

2º E. 33º N. Galène pauvre, quartz et carbonate de chaux; le seul système réellement métallifère.

3º N. 41º E. Quartz blanc laiteux avec pyrites, blende et galène pauvre en argent; croiseurs pyriteux peu nombreux.

4º O. 20º N. Quartz ferrugineux des filons; croiseurs très-puissants.

5º S. 3º E. Sulfate de baryte blanc laiteux cristallin; croiseurs très-nombreux.

6º N. 26º E. Galène renfermant de 150 à 700 grammes d'argent avec quartz, calcaire, sidérose et barytine.

7º E. 18º N. Barytine blanc laiteux sans minerais métalliques; très-nombreux, bien constants.

8º N. 40º O. Veines stériles peu étudiées.

9º N. 18º O. Fentes verticales sans remplissage.

10º S. 33º E. Failles peu nombreuses et courtes.

CHAPITRE XII.

EXPLOITATION DES FILONS ET AMAS.

On a dit en traitant des mines de houille quelles difficultés avait à surmonter le mineur dans le creusement des puits et galeries. Dans les mines métalliques, ces difficultés ne sont pas moins grandes. Si par la nature du sol même qu'on traverse, les terrains ébouleux, coulants, submergés, se présentent moins souvent au mineur, en retour, des roches d'une dureté exceptionnelle, le quartz, les schistes cristallins, les granites, les porphyres, doivent être patiemment attaqués. L'acier le mieux trempé n'y résiste guère, et le travail, sur certaines de ces roches, avance à peine de quelques mètres par mois.

Cornouailles. — On y a foré des puits dans de pareils terrains jusqu'au delà de quatre et six cents mètres avant de rencontrer le filon. A cette limite, on a approfondi encore les chantiers par le percement de puits intérieurs. Dans ce pays, on attaque les gîtes métallifères même sur le rivage de la mer. Il faut défendre les ouvrages contre les irruptions des vagues, contre la marée montante elle-même, et ces obstacles n'ont pas arrêté les travailleurs. Dans la mine, les ouvriers ont poursuivi leurs galeries à 1,500 mètres et plus sous les eaux ; c'est à peine si l'épaisseur des roches qui protégent les mineurs atteint quelques centaines de pieds en certains endroits. Dans les jours d'orage, on entend mugir l'Océan au-dessus de sa tête ; les galets, au fond de la mer, roulés les uns sur les autres, imitent le bruit du tonnerre. De galerie en galerie se répercute un effroyable grondement, et les ouvriers épouvantés quittent alors ces sombres abîmes que l'Océan menace d'engloutir.

Fig. 13. Mine de cuivre et d'étain du cap Land's End (Cornouailles).

Harz. — En Allemagne, surtout dans le Harz et en Saxe, les mineurs se sont toujours distingués, comme dans le Cornouailles, par le caractère aussi patient que grandiose de certains de leurs travaux. Les mines du Harz supérieur, exploitées depuis la fin du douzième siècle, et sans discontinuité depuis le commencement du seizième, sont citées pour l'énorme développement des galeries et le bon aménagement des tailles intérieures. Dans ces mines, on a toujours eu à lutter contre l'affluence des eaux, que l'on a combattue, soit par d'ingénieuses machines hydrauliques installées sur les puits, soit par des canaux souterrains destinés à un gigantesque drainage. A mesure que les travaux ont gagné en profondeur, et que le niveau des galeries d'écoulement a été dépassé, il en a été creusé de nouvelles, et l'on devine au prix de quelles dépenses, de quels efforts et de combien de temps. Quatre de ces tunnels, qui fonctionnent encore, ont été ouverts dans le courant du seizième siècle; le cinquième date de 1777. On l'appelle *Georg-Stollen*, du nom de Georges III, roi d'Angleterre et de Hanovre. Jusqu'en 1851, pendant trois quarts de siècle, cette galerie a été suffisante pour le service qu'on exigeait d'elle. A cette époque, la profondeur et le développement des travaux ont nécessité le creusement d'un nouveau canal souterrain.

La galerie Ernest-Auguste, aussitôt ouverte que projetée, est peut-être l'œuvre la plus remarquable qui ait jamais été exécutée dans l'exploitation des mines métalliques. L'orifice de ce long tunnel se trouve à Giffelde dans le duché de Brunswick. La galerie a près de 3 mètres de haut, 2 mètres de large, et une pente de 17/1000 par mètre de longueur. Comme un tunnel de chemin de fer, elle a été entreprise à la fois sur plusieurs points différents; on a ouvert jusqu'à dix attaques simultanées. Le travail, conduit avec la plus grande vigueur, a duré treize ans; il a été achevé et solennellement inauguré en 1864. La galerie a 11 kilomètres de développement; mais avec les traverses latérales qui y débouchent et une ga-

Fig. 14. Échelle de la mine de Fahlun (Suède).

lerie souterraine navigable, portant bateaux, à laquelle elle se relie à l'extrémité opposée à son embouchure, elle n'a pas moins de 24 kilomètres, six lieues.

Le coût de la galerie et de ses annexes, en y comprenant la galerie navigable, atteint presque trois millions et demi de francs. C'est la dernière grande galerie d'écoulement que le relief du sol de l'Ober-Harz permette d'établir. La plus grande profondeur qu'elle assèche est environ de 400 mètres ; mais on projette déjà une nouvelle galerie tout intérieure, c'est-à-dire sans embouchure, à 240 mètres au-dessous de celle-ci. On en élèvera les eaux au niveau de l'Ernest-Auguste au moyen d'une machine hydraulique spéciale. La machine sera placée dans un puits vertical construit exprès, et qui servira en même temps de puits d'extraction pour le minerai. Le devis de ces nouveaux travaux, auquel on vient (1865) de mettre la main, s'élève à près d'un million et demi de francs. Les mineurs du Harz, on le voit, ont confiance dans la continuité et la richesse de leurs filons, et assurent définitivement, par ces installations grandioses, l'exploitation à venir pour une durée de plusieurs siècles.

Les travaux du Harz supérieur ne sont pas les seuls qu'il faille mentionner. Dans ces mêmes régions de l'Allemagne, à Andreasberg (Unter-Harz), il est des puits de mines qui descendent à plus de 800 mètres sous le sol ; on n'en connaît nulle part de plus profonds. Ces puits sont rectangulaires, de 8 mètres de long sur 3 de large, ce qui donne 24 mètres carrés de section. On les revêt sur toute la hauteur d'un solide boisage de sapins écorcés, et ils concentrent tous les services : extraction des minerais, épuisement des eaux, conduites d'air, échelles pour la descente et la sortie des ouvriers, etc.

Dans la Saxe, la Hongrie, la Prusse rhénane, on pourrait citer aussi de magnifiques ouvrages de mines, qui n'ont pas des développements moindres que ceux du Harz, et ont coûté également des millions. Sous ce rapport toutes les mines métalliques se ressemblent, et vont de pair avec les houillères. Mais là ne se borne pas la comparaison entre ces deux classes de mines.

Abatage. — Celui des matières métalliques se fait

Fig. 15. Travail à ciel ouvert au Rammelsberg (Harz).

par des méthodes qui rappellent celles que nous connaissons déjà. Quand c'est une couche qu'on exploite, et ce cas se présente dans la plupart des mines de fer, l'attaque a lieu comme pour la houille en divisant d'abord le gîte en piliers. Sur les filons proprement dits, d'une inclinaison toujours assez forte, s'emploient les méthodes en gradins droits ou renversés dont la première a dû être proscrite des houillères, car le mineur y travaillerait sur le charbon qu'il désagrégerait en le piétinant. Cette méthode est au contraire d'un emploi fréquent pour les minerais métalliques, qu'il faut presque toujours pulvériser pour les enrichir et les rendre propres à la fusion ou à la vente. Enfin, sur les gradins droits, l'ouvrier fait aisément un premier triage du minerai et de la roche et recueille les poussières métalliques, tandis que les gradins renversés ne lui offrent pas le même avantage : il perd même par ce procédé une partie du minerai dans les remblais.

Dans les filons puissants, dans les amas épais, on a recours aux méthodes par grandes tailles ou par attaques transversales. Enfin dans les dépôts superficiels, comme ceux des minerais d'alluvion, ou dans de vastes concentrations métallifères qui s'épanouissent à la surface en gigantesques affleurements, comme les gîtes de fer de l'île d'Elbe, ou les gîtes cuivreux du Rammelsberg, le travail est conduit par des méthodes spéciales. Ces méthodes sont dites à ciel ouvert, parce qu'on ne marche plus en souterrain ; elles rappellent les procédés d'attaque en usage dans les carrières ou dans les grands travaux de terrassement.

En adoptant l'une des méthodes d'abatage que l'on vient de décrire, l'ouvrier ne laisse plus dans la mine que des remblais à la place du minerai. Cependant la théorie et la pratique diffèrent ici comme en toutes choses, et la méthode classique doit être souvent modifiée. Les occasions les plus fréquentes qui forcent le mineur d'enfreindre la règle sont les accidents qui dérangent le filon, les cassures, les rejets, dont on connaît généralement la loi, les renflements, les rétrécissements, et quelquefois les disparitions subites échappant à tous les principes de la géologie appliquée. Mais le mineur ne se rebute ni ne s'émeut, et la patience, la réflexion, le flair aidant, il arrive presque toujours à retrouver la veine métallique.

Les ouvriers des mines métalliques emploient, pour

Fig. 10. Travail en gradins droits à Stahlberg (Prusse-Rhén.)

l'attaque du terrain, quelques-uns des outils déjà décrits. Le pic, qui est de divers modèles, sert à désagréger les roches tendres ou fissurées, contre lesquelles on fait aussi usage des coins et de la pince. On charge le minerai et la roche abattue dans des paniers ou des sacs, des tonnes, des wagons. Quelques pelles ont conservé des formes bizarres.

A cause de la dureté particulière des roches, presque tout le travail se fait à la poudre. Ici réapparaissent la masse, le fleuret et les outils accessoires. On cherche à obtenir des trous de fortes dimensions, et à faire éclater à la fois de très-gros blocs. Un mineur et deux frappeurs travaillent presque toujours ensemble, ou au moins un mineur et un frappeur; rarement un homme seul. Le travail à trois hommes mérite d'être vu. Les deux frappeurs, debout, laissent tomber en cadence leurs lourds marteaux sur la tête du fleuret, qui rend un son métallique, tandis que le mineur accroupi, tenant la barre entre les mains, lui fait faire à chaque fois une fraction de tour.

Il existait autrefois, avant l'application de la poudre au travail souterrain, une méthode d'attaque fort curieuse, employée de tout temps dans les mines, dont on retrouve partout les traces, et dont l'usage s'est conservé dans quelques pays, en Saxe, en Hongrie, au Harz : c'est l'attaque des roches siliceuses par le feu. Dans une caisse en tôle de fer, de forme particulière, on empile des rondins de bois qu'on allume. La flamme lèche la paroi de la roche, *étonne*, comme on dit, le quartz, qui se fendille, et, refroidi, se laisse entamer par le pic avec la plus grande facilité. En projetant de l'eau sur la roche encore chaude, on en augmente le fendillement, et l'industrie a su tirer parti de ce phénomène pour la pulvérisation du quartz. Auparavant les outils de l'acier le plus pur, de très-fortes charges de poudre, pouvaient seuls en venir à bout.

Transport. — Les procédés et les appareils que nous avons vus usités pour le transport souterrain et l'exploi-

Fig. 17. Travail à grandes tailles de Campiglia (Toscane).

Fig. 18. Travail au fleuret dans les mines du Harz.

tation de la houille s'appliquent également aux minerais.
Les chemins de fer, les wagons, les chevaux, se retrou-

Fig. 19. Wagonnet des mines de Stahlberg (Prusse-Rhén.).

vent ici dans les tailles, dans les galeries. L'exploitation
est conduite d'après les mêmes principes; les appareils
d'aérage ne sont pas différents, et l'art délicat de la le-

vée des plans est également en honneur. Les dispositions
des puits sont aussi les mêmes. Il n'y a pas jusqu'aux
édifices de la surface qui n'aient un certain air de res-
semblance. Sur beaucoup de mines, c'est une machine à
vapeur qui fait mouvoir les pompes, dont quelques-unes,
comme dans le Cornouailles, présentent de formidables

Fig. 20. Lampe française.   Fig. 21. Lampe du Mansfeld.

modèles. En pays de montagnes, c'est plutôt une machine hydraulique qui anime les engins d'extraction.

Dans les mines très-profondes, les échelles mobiles
sont presque partout employées.

Les ouvriers des mines métalliques ont moins de dangers à courir que ceux des houillères. Les accidents cau-
sés par le tirage des mines, les éboulements et les inon-
dations, la circulation dans les puits, sont les seuls qu'ils
aient à redouter. Ils échappent, sauf des cas tout excep-

tionnels, aux explosions du grisou et de l'oxyde de carbone, enfin aux incendies qui ne se développent guère que dans les couches de charbon. N'ayant pas à redouter le grisou, ni aucun gaz explosif, les mineurs des filons métalliques s'éclairent avec des lampes ouvertes.

Néanmoins certaines mines métalliques, par exemple, celles qui renferment des pyrites arsénicales ou des minerais de mercure, font courir de réels dangers aux ouvriers. Dans les mines de mercure, les mineurs sont pris, au bout de peu de temps, de salivations, de tremblements convulsifs. C'est pis encore dans les usines où l'on fond le minerai. Une pâleur, une maigreur affreuse trahit tout de suite les pauvres travailleurs du mercure : ce ne sont plus des hommes, ce sont des cadavres.

Triage. — Les minerais extraits contiennent toujours une partie de la roche stérile, ou *gangue*, dans laquelle ils sont enchâssés. A part de très-rares exceptions, comme celles de certains minerais de fer homogènes et compactes, les substances métalliques sont irrégulièrement répandues dans la gangue, et quelquefois en particules à peine visibles. Bien souvent le titre ou le rendement des minerais n'atteint pas un millième, et même un dix-millième, pour les métaux précieux ; un centième, pour les métaux communs. Le premier traitement à faire subir aux matières sorties de la mine est donc de les enrichir. C'est le but de ce qu'on appelle la préparation mécanique. Alors commence toute une série d'opérations délicates, où des meules d'une part, et l'eau de l'autre, jouent le rôle capital ; de là les noms de moulin et de lavoir donnés aux ateliers où se fait cette concentration des minerais.

En premier lieu s'opèrent le triage, et le cassage à la main, exécuté au marteau par des enfants ou des jeunes filles. Dans la mine, on n'y voit guère effectuer cette séparation, et ce n'est pas là, du reste, l'ouvrage du mineur. Au jour, sous un abri ou en plein air, les enfants font cette besogne.

Le minerai cassé et trié à la main est séparé en trois lots : le minerai pauvre ou stérile, qu'on rejette ; le riche, qu'on met de côté pour la vente ou pour la fusion ; l'ordinaire ou moyen, qu'on destine à de nouvelles préparations. C'est alors que commencent le broyage et la classification mécaniques. Sous des meules droites, couchées, entre des cylindres tournant l'un vers l'autre, ou enfin par le choc de lourds pilons de fonte, le minerai est pulvérisé, puis séparé, au moyen de tamis fort ingénieux, en morceaux d'égale grosseur. On procède alors au lavage. Sur des cribles ou sur des tables inclinées, fixes ou mobiles, un courant d'eau agite ou entraîne les graviers, les sables, les poussières métalliques. Le principe de l'opération est bien simple. Les morceaux, sur chaque appareil spécial, étant tous d'égale grosseur, les matières lourdes, dans le mouvement qui s'opère, animées d'une moins grande vitesse que les matières légères, s'en séparent peu à peu, et là encore on retrouve trois catégories : le minerai stérile, le riche et le moyen. Sur celui-ci, on peut recommencer les mêmes opérations de broyage, classification et enrichissement.

Les mines métalliques sont d'habitude en pays de montagne ; c'est le ruisseau, le torrent de la localité qui alimente le lavoir ; c'est une roue hydraulique qui anime tous les mécanismes. Celle-ci est souvent remplacée par une machine à vapeur. Quand l'eau est rare, l'usine chôme une partie de l'année, l'été. — Le lavage des minerais est la grande opération préliminaire de toute métallurgie.

Dans les neuf exemples suivants d'exploitation, les six premiers se rapportent à des filons, et les autres à des amas.

Étain du Cornouailles. — Depuis le treizième siècle, l'Angleterre s'est placée et maintenue en tête de la production européenne. Elle doit ce rang à la possession de deux riches districts métallifères situés principalement dans le Cornouailles et dans le Cumberland, et à la puissance d'exploitation qu'y ont développé le bas prix du combustible et l'esprit industriel de la nation. Le pays de Galles est aujourd'hui un centre où se traitent non-seulement la plus grande partie des minerais extraits dans les îles Britanniques, mais encore des minerais importés de Cuba, du Chili et de la Bolivie.

Le Cornouailles fournit seul tout l'étain et les sept huitièmes du cuivre produits par l'Angleterre. La surface ondulée et aride de cette contrée ne présente presque exclusivement que des roches schisteuses de transition, accidentées à la fois par des granites et par des porphyres ; la chaîne ochrinienne, qui en forme l'axe, est une série de collines granitiques arrondies dont la hauteur ne dépasse pas trois à quatre cents mètres au-dessus du niveau de la mer. Ces sommités granitiques sont enveloppées par des schistes argileux passant aux schistes talqueux et amphiboliques appelés *killas*, dont les couches se relèvent autour des masses qui les ont traversées. Ce sont les seules roches visibles dans les vallées et sur les plateaux, sauf les interruptions que leur font subir les dykes d'un porphyre appelé *elvan*. La réunion de ces trois roches, granite, elvan et killas, constitue le sol métallifère. Les filons qui contiennent l'étain et le cuivre, et forment le véritable caractère de la richesse du pays, ne dépassent pas Truro ; le nord-est du comté, ainsi que la partie avoisinante du Devonshire où se montrent des grauwackes et des calcaires esquilleux postérieurs au killas, ne présentent plus que de rares filons de composition différente, tels que les filons d'antimoine de Huel-Boys et les filons de plomb de Pentiglaze.

L'oxyde d'étain et la pyrite cuivreuse se trouvent principalement en filons, disposés de telle sorte, qu'on peut regarder l'oxyde d'étain comme antérieur à la pyrite, mais avec une liaison indiquée par l'existence de certains filons à la fois stannifères et cuprifères. Il paraît, en effet, que la génération de ces gîtes n'a pas été instantanée, mais qu'on doit la considérer comme un phénomène lent et continu qui, entre les deux périodes, a présenté des alternances de deux minerais.

A une époque postérieure, d'autres fentes furent encore produites, (mais elles sont remplies de matières stériles auxquelles s'adjoignent quelquefois des minerais plombifères et blendeux trop pauvres pour qu'on en ait pu tirer parti.

D'après les recherches de M. de La Bèche, les dykes d'elvan, un seul excepté, sont antérieurs aux filons métallifères ; mais, outre cette exception, il existe des exemples nombreux de pénétration des principes métallifères, de l'étain surtout, dans l'elvan. Ces circonstances d'enrichissement évident des filons par le contact de l'elvan autorisent à conclure que ce porphyre est réellement la roche métallifère de la contrée, roche dont la sortie a précédé les émanations métallifères, et contribué peut-être à provoquer la formation des fentes à filons ; de telle sorte que les éruptions de l'elvan, la formation des filons et leur remplissage successif par des gangues d'abord stannifères, puis cuprifères, et enfin plombifères, constituent une série de faits qui peuvent être considérés comme ayant commencé à l'époque de la formation supérieure de transition.

La production de l'étain en Cornwall représente, à peu de chose près, toute la production européenne : elle a atteint le chiffre de 45 000 quintaux métriques, tandis que celle de la Saxe ne dépasse plus 3500 quintaux, et que celle de quelques mines existant en Suède et en Autriche s'élève à peine à 1000 ou 1200 quintaux.

Les filons stannifères du Cornouailles sont principalement composés de quartz ; ce quartz est mélangé tantôt de chlorite, tantôt de tourmaline, et même de mica ; l'uniformité de ces gangues est accidentellement interrompue par l'hydroxyde de fer, quelquefois par du spath-fluor. Dans les gangues ainsi caractérisées se trouve disséminé, en particules, en petits cristaux, en nœuds, veines et druses cristallines, le péroxyde d'étain, but principal des recherches et des travaux souterrains. Comme minerais annexés, on y trouve d'abord la pyrite cuivreuse qui, dans certains cas assez rares, devient dominante, à tel point qu'une mine d'étain devient accidentellement une mine de cuivre; on y trouve, en second lieu, le mispickel, le fer arséniaté, l'uranite, le wolfram. — L'allure des filons d'étain est très-variable, et telle qu'on doit nécessairement en attribuer l'origine à des fentes produites, suivant une certaine direction, dans des roches hétérogènes. Ainsi il y a des filons qui ont été suivis sur plus de deux mille mètres, et dont la puissance moyenne est entre $0^m,60$ et $1^m,20$; ils présentent fréquemment des étranglements complets, ou des renflements à trois et quatre mètres.

L'oxyde d'étain se montre encore en stockwerks; ces stockwerks gisent surtout dans le granite, et rarement dans le porphyre elvan. Parmi ceux que renferme le granite, celui de Saint-Austle est surtout remarquable, parce que son exploitation à ciel ouvert permet d'en étudier les diverses parties. Le granite encaissant est devenu friable par la décomposition du feldspath en kaolin; il est traversé par un grand nombre de veines composées de quartz tenant de la tourmaline et de l'oxyde d'étain. Ces veines ont douze à quinze centimètres de puissance; les principales sont verticales et dirigées de l'est à l'ouest; d'autres, inclinant vers le sud, coupent les premières, et se soudent avec elles en donnant naissance à des druses. En résumé, la disposition du gîte concorde avec l'idée d'une origine postérieure au granite encaissant, qui aurait été successivement soumis à des mouvements qui l'ont fracturé, et à des émanations qui en ont en quelque sorte métamorphisé la masse.

Plomb du Derbyshire. — Les mines d'Angleterre sont réparties dans le Cumberland, le Derbyshire, le Devonshire et le Cornouailles. Dans le Devonshire et le Cornouailles, ces mines consistent en filons qui traversent le schiste argileux (killas) et la grauwacke; ces filons se retrouvent dans le gneiss, le micaschiste et la grauwacke de l'Écosse et du pays de Galles, avec les caractères généraux ordinaires. Mais, dans le Cumberland et le Derbyshire, cette formation métallifère est enclavée dans les calcaires carbonifères de la partie inférieure du terrain houiller, et les gisements y offrent des particularités remarquables.

Le calcaire carbonifère se compose d'alternances de couches calcaires avec des grès et des schistes analogues aux schistes houillers. Ces alternances sont fortement accidentées, souvent modifiées par les trapps appelés *whin-stone* et *toadstone*, lesquels se sont intercalés dans le sens de la stratification, jusqu'à trois fois dans le Derbyshire, et sur des longueurs considérables. Dans les parties métallifères de ce terrain, les mineurs distinguent trois modes de gisement : *rake-veins*, les filons proprement dits ; *pipe-veins*, des amas allongés, et *flat-veins*, de véritables lits intercalés dans les couches. Les filons constituent la plus grande partie des gîtes ; leur composition est constamment la chaux carbonatée lamelleuse, la chaux fluatée, la baryte sulfatée et le quartz ; les minerais contenus dans ces gangues sont la galène cubique ou grenue et la blende. La forme accidentée de ces filons leur a depuis longtemps donné de la célébrité ; en traversant les couches hétérogènes de la formation carbonifère et des trapps, ils éprouvent de nombreuses variations d'allures qui paraissent résulter du glissement des couches. Ces filons sont, en général, beaucoup plus étroits en traversant les schistes et les grès que dans les calcaires, où ils sont, au contraire, puissants et continus ; il y a même des cas assez nombreux où l'étranglement du filon est complet, du moins suivant certains plans.

Les caractères de structure des gîtes du Derbyshire sont les mêmes que dans le Cumberland ; seulement, les intercalations horizontales des trapps y sont plus fréquentes, et la plupart des filons sont limités subitement et complétement par ces roches. M. Farey a fait une statistique d'après laquelle le nombre des mines exploitées était de 280 ; il y en a 19 dans lesquelles le filon se continue dans le toadstone, en changeant, il est vrai, d'allure et de structure, mais avec les mêmes caractères de composition.

Mercure d'Almaden. — Parmi les filons de contact les plus célèbres, nous devons citer le gite d'Almaden, qui se compose de trois filons-couches, parallèles, placés en quelque sorte côte à côte, et concordant avec la stratification onduleuse et inclinée des grés et schistes siluriens qui les enclavent. Ils sont en même temps concordants avec le plan de contact d'une roche métamorphique, dite Fraylesca, qui forme une zone entre le terrain stratifié encaissant les filons et les porphyres dioritiques.

Les trois filons, de 6 à 12me de puissance, suivent les alternances stratifiées des grès et des schistes. Ces alternances ondulent dans le sens vertical comme dans le sens horizontal ; de telle sorte que les coupes faites par les neuf étages d'exploitation donnent toujours des dispositions analogues, mais où les écartements des filons et leur puissance sont sujets à quelques variations.

Les fossiles siluriens se trouvent dans des grès un peu supérieurs au faisceau des couches cinabrifères, et l'ensemble s'appuie sur la roche dite Fraylesca. Cette roche, dans laquelle est percé le puits principal, est une grauwacke altérée, solide, et dans laquelle on reconnaît souvent les éléments arénacés ; son état métamorphique résulte évidemment du voisinage des masses dioritiques sur lesquelles elle repose, et qui sont visibles à plusieurs kilomètres de la mine.

Le cinabre, sublimé suivant le plan des couches du terrain dont l'inclinaison moyenne est de 80°, s'est intercalé dans les grès et les a imbibés à tel point qu'on peut se procurer des échantillons plats, disposés dans le sens de la stratification, et dont une face est à l'état de cinabre pur et cristallin, et l'autre face à l'état de grès à peine coloré, tandis que le milieu offre un passage entre ces deux compositions différentes.

La production de ce gîte, qui tient depuis longtemps le

monopole de la production, s'est élevée à 20,000 quintaux de mercure.

Dans ce même district, se trouvent les filons argentifères de Guadalcanal, ceux de Los-Santos, les filons cuprifères de Rio-Tinto, enfin les mines de Linarès. Un gîte important de calamine, exploité dans la Sierra-d'Alcarez, complète en quelque sorte la variété des minerais de ce vaste district.

Argent du Nevada. — Le filon de Comstock, sur lequel sont ouvertes les mines d'argent de Virginia City et de Gold Hill, constitue la veine métallifère probablement la plus productive que l'on connaisse.

D'une bande de terrain ayant 4830^m de long et 548^m de large on extrait annuellement une quantité de minerai d'argent évaluée à 12 millions de dollars.

En 1865, ce gîte était divisé entre 46 compagnies, possédant entre elles, suivant la direction du filon, 6793 mètres.

Les excavations faites jusqu'à la fin de 1857 comprennent : puits, 9250 mètres; galeries et cheminées dans le filon, 55 kilomètres; galeries d'écoulement, 45 kilomètres.

La plus longue galerie d'écoulement est celle de Latrobe, qui mesure 975 mètres; la profondeur maxima est 250 mètres atteinte à Gould and Curry.

Les travaux occupent environ 5000 ouvriers, en sorte que le produit moyen par homme et par an dépasse 10 000 fr.

Pour l'épuisement et l'extraction, on compte 44 machines, d'une force totale de 1500 chevaux; quant au traitement, 76 ateliers sont outillés de manière à pouvoir broyer 1800 tonnes de minerai par jour.

Voici quelques indications sur les mines qui ont donné les plus beaux résultats.

La mine *Gould and Curry* a produit 14 millions de dollars d'argent et distribué plus de 4 millions de dollars en dividende.

Celle dite *Savage* commença ses travaux en avril 1863; vingt-six mois après, elle avait rendu des minerais pour une somme de 3 600 709 dollars et réparti 800 000 dollars de bénéfice; en 1866, elle a traité 20 535 tonnes de minerai évaluées à 1 303 852 dollars, et dans le 1ᵉʳ semestre de 1867 elle a produit 1 815 000 dollars.

La mine *Empire Mill and Mining Cᵒ* a été commencée en 1863 : le 30 novembre 1864, elle avait livré environ 25 000 tonnes et touché en numéraire 1 043 720 dollars; tous frais payés, cette mine a réalisé un bénéfice de 308 000 dollars ; les dépenses de premier établissement ont été dès le début couvertes et au delà par les produits.

Malgré la richesse du gîte, toutes les exploitations n'ont pas eu le même succès immédiat : ainsi à la mine de *Hale and Norcross* on a travaillé quatre ans avant d'extraire des matières profitables; en revanche, en huit mois de l'année 1866, la mine produïsit 736 394 dollars, et pendant le premier trimestre de 1867 elle a donné 290 000 dollars de dividende.

Comparée à l'année 1866, l'année 1867 dénote, pour l'ensemble du filon de Comstock, un accroissement considérable tant dans le produit brut que dans les bénéfices ; cette amélioration est due en partie à d'heureuses découvertes, mais aussi aux progrès réalisés dans l'exploitation et le traitement des minerais.

Les bénéfices de neuf grandes mines pour 1867 sont les suivants :

Savage........	1 600 000 dol.	Gold Hill quartz, Minéral and Mining Cᵒ....	33 750 dol.
Hale and Norcross........	440 000 —	Empire Mill and Mining Cᵒ....	49 200 —
Imperial.......	380 000 —		
Yellow Jacket..	300 000 —	Total....	3 991 950 dol.
Chollar Potosi.	420 000 —	En 1866.....	1 754 000 —
Kentuck.......	505 000 —	Accroissement..	2 237 950 —
Crown Point...	264 000 —		

Argent de Potosi. — La fameuse montagne de Potosi est à 1 kilomètre au sud de la ville ; elle a 11 kilomètres de tour à sa base et 933 mètres de hauteur; elle forme une pyramide tronquée à huit pans, dont chaque face, à la partie supérieure, a environ 170 mètres de longueur. Elle est formée de granite décomposé sans mica, et parfois sans quartz, excepté près des filons, dont la gangue est presque toute de quartz mélangé de pyrite cuivreuse. Quand les épontes d'un filon sont quartzeuses, on est sûr de rencontrer un filon riche, surtout quand elles sont pétries de pyrites.

La montagne contient douze filons connus, tous dirigés du N. au S. Tous ont été exploités jusqu'à la moitié de la hauteur de la montagne, sans s'occuper ni des moyens de ventilation, ni des moyens d'épuisement dans le cas où les mines seraient envahies par les eaux, ni même des moyens d'extraire avec économie les minerais. La décadence des mines est surtout due à leur mauvaise exploitation et au prix excessif du mercure.

En général, la chaleur est très-élevée dans ces mines, ce qui est d'autant plus incommode que la ventilation est mal établie, et que la raréfaction de l'air est très-grande à cette hauteur de 4888 mètres au-dessus de la mer.

Cette montagne, vers 1805, contenait 5200 bouches de mines, et attirait 10 000 Indiens à Potosi, qui contenait alors 40 000 habitants et 50 établissements d'amalgamation. Mais en 1845 la ville n'avait plus que 10 à 12 000 habitants et 5 établissements alimentés par 26 mines seulement.

Presque toutes les mines ont donné trois espèces de minerais. A la partie supérieure se trouvent les *pacos* terreux qui ont l'argent natif ou oxydé et même chloruré; viennent ensuite les *mulatos*, qui sont un mélange des *pacos* avec les *négrillos* que l'on trouve dans la profondeur et qui sont des sulfures, antimoniures et arséniures d'argent mélangés à d'autres de cuivre, fer, zinc, plomb, bismuth, manganèse et cobalt. Ils ne peuvent s'amalgamer qu'après avoir subi un grillage préalable. L'amalgamation, si l'opération est bien conduite, dure douze jours avec le mercure et quatorze avec l'amalgame d'étain.

Fig. 22. Mines d'argent de Potosi (Bolivie).

Les mines de Potosi, depuis le commencement de l'exploitation espagnole jusqu'en 1800, c'est-à-dire pendant près de deux siècles et demi, ont fourni une somme de six milliards de francs en lingots d'argent. Mais qu'est-ce que cela en comparaison de la Californie qui, à elle seule, dans un espace de moins de vingt années (1849-1867), a donné pour plus de quatre milliards de francs en or aux États-Unis?

Argent de Kongsberg. — Ces mines de Norvége, découvertes en 1623, sont dans un terrain composé de schistes cristallins, savoir : de gneiss, de micaschiste et d'amphibolite. Ces roches présentent des strates particuliers dont la masse entière est plus ou moins imprégnée de particules de fer sulfuré, de cuivre pyriteux, de galène et de blende. C'est dans les strates, appelés *Faldbaand* par les mineurs de Kongsberg, que se trouve le minerai d'argent, mais non immédiatement. Ces faldbaand, comme les autres strates des schistes cristallins, sont traversés par des filons composés surtout de calcaire spathique, ordinairement très-minces. Ce sont ces filons qui renferment les gîtes du précieux métal, seulement dans les espaces où ils traversent les faldbaand. L'argent se trouve à l'état natif et à l'état sulfuré. A l'état natif il existe quelquefois cristallisé, plus souvent filiforme, et habituellement stratifié entre les couches du filon calcaire; à l'état sulfuré il accompagne ordinairement le fer sulfuré et le cuivre pyriteux.

Ces mines ont éprouvé de nombreuses vicissitudes, passant et repassant des mains du roi dans celles des compagnies ou même de simples particuliers; donnant tantôt des bénéfices, par exemple, sous Fréderic IV, où le produit servit à alléger les charges de l'État, et tantôt occasionnant des pertes qu'on peut attribuer à la direction peu habile des travaux, à la mauvaise administration et aussi à la cherté de la main d'œuvre.

Ces mines, qui avaient produit brut de 1624 à 1805, en cent quatre-vingt et un ans, une moyenne annuelle de

Fig. 23. Mine d'argent de Kongsberg (Norvége).

soixante-cinq mille francs d'argent fin, ne donnèrent pendant les dix années de 1805-1815 que dix-neuf mille francs, et pendant quatorze ans de 1816 à 1831 que quatorze mille cinq cents francs. Mais, depuis, le produit a commencé d'augmenter ; en 1832, en suivant un filon connu depuis longtemps, on arriva à un gîte très-riche ; depuis ce moment les produits ont été hors de toute proportion avec ce qu'ils avaient été précédemment ; pendant les six années 1832-37 la moyenne annuelle a été : pour la production, de un million trois cent soixante-six mille sept cents francs, pour les frais, de trois cent quatre-vingt-treize mille huit cents francs, et pour le restant net versé dans les caisses de l'Etat, neuf cent soixante-treize mille francs environ.

Fer de l'île d'Elbe. — Cette île a été célèbre de tout temps par ses mines de fer ; les gîtes de minerais sont tous concentrés avec les serpentines dans la partie orientale. Les roches sédimentaires sont métamorphiques, remarquables par la présence des gabbro-rosso et par les mélanges des diverses roches avec les principes serpentineux, mélanges qui constituent des marbres analogues aux marbres campan des Pyrénées, et divers gabbros argileux, verts ou rougeâtres, à structure glanduleuse.

L'amas de fer oxydulé et d'hématite du mont Calamita, bien plus puissant que celui de Rio, est enclavé dans une des principales montagnes de la même partie de l'île. La montagne de Calamita a été produite par le soulèvement des roches stratifiées dont la charnière de rotation est la vallée qui sépare Porto-Longone de Capoliveri. Si l'on étudie la composition de cet amas, enfoncé comme un coin dans les strates calcaires et schisteux, et révélant, sur tout son pourtour, des phénomènes détaillés de fracture et de métamorphisme, on voit que toute la masse centrale est composée de fer oxydulé très-compacte et très-dur. En quelques points, ce fer oxydulé, mélangé d'hématite brune, forme des magmas, de véritables brèches, avec des fragments anguleux de roches brisées et altérées. Souvent aussi l'existence de puissantes masses calcaires ou schisteuses dissoutes dans le minerai s'annonce par des zones d'amphibole et d'yénite et des zones un peu siliceuses qui déterminent sur ces points une disposition par zones ondulées et concentriques, et, par suite, donnent au gîte une apparence de structure amygdaline.

Il faut toute l'intensité et toute l'évidence de ces caractères pour faire admettre que les masses métalliques aient pu sortir ainsi, presque à la manière des roches ignées, avec calorique, pression, et une puissance métamorphique aussi grande; mais ce fait, une fois constaté, donne l'explication d'une foule de caractères des gîtes de minerai. Ainsi, près du cap Calamita, le rocher de Punta-Rossa est une colonne éruptive de fer à divers degrés d'oxydation, éruption qui a eu lieu à la manière de certains dykes basaltiques. Autour de cette masse ferrugineuse, les schistes présentent de nouveaux phénomènes de métamorphisme; la chaux sulfatée, le quartz résinite, etc., montrent que ces phénomènes doivent varier à chaque pas, non-seulement d'après la nature des matières éruptives, mais, plus encore, d'après la composition des roches traversées.

Les hydroxydes de fer et les calamines forment des gîtes qui traversent les provinces rhénanes des environs de Liége, à Stolberg et jusqu'à Brilon, sur la rive droite du Rhin, se maintenant toujours dans la même zone géologique.

Fer de Rancié près de Viedessos. — Le terrain qui le contient est composé de calcaire blanc saccharoïde, de calcaires gris plus ou moins cristallins, et de schistes argileux rapportés au terrain de transition.

Les couches de la montagne de Rancié sont verticales, et l'une d'elles est tellement pénétrée d'hématite brune, accompagnée d'hématite rouge, de fer spathique et quelquefois d'oxyde de manganèse, que le minerai de fer peut y être considéré comme roche dominante. En effet, non-seulement le calcaire est imprégné d'oxyde de fer de manière à être souvent tout à fait masqué, mais un grand nombre de veines sont remplies d'oxyde pur; on y trouve, comme dans les filons, des druses cristallines, des cavités tapissées de couches concentriques d'hématites brune et rouge. Cette couche a été reconnue depuis la cime de la montagne jusqu'à sa base, sur une hauteur de 600 mètres; on n'en connaît pas la limite inférieure. La puissance moyenne est de 20 mètres, elle va jusqu'à 40 dans les renflements, et est quelquefois étranglée à 4 mètres. Ce beau gîte métallifère doit être regardé comme un stockwerk, plutôt que comme une couche isolée: sa disposition parallèle à la stratification du terrain l'a fait longtemps considérer comme de formation contemporaine, mais les observations de Dufrénoy ne permettent plus de douter qu'il ne soit postérieur au terrain encaissant. Sa formation se trouve ainsi liée aux épanchements granitiques qui ont contribué au relief du sol, et qui, en beaucoup de points, ont transformé les couches calcaires en marbres et dolomies.

Zinc d'Aix-la-Chapelle. — Le principal gîte calaminaire (carbonate e silicate de zinc) se trouve à Moresnet, entre Herbesthal e Aix-la-Chapelle; on le désigne sous le nom de la *Vieille-Montagne*. Ce gîte se présente sous la forme d'une vaste excavation ellipsoïdale, creusée dans un amas allongé, situé au contact des schistes anthracifères et des calcaires carbonifères. Dans cet amas de 400 mètres sur 150 à 200 de largeur, la calamine chargée d'oxyde de fer s'offre en masses irrégulières, noyées dans des argiles délayables, jaunes, rouges, noires, rubanées, bariolées, sans stratification réelle. Le minerai proprement dit est jaune compact et criblé de géodes cristallines dans lesquelles se reconnaissent les prismes de la calamine et les rhomboèdres de la smithsonite. — Vers leurs contacts avec les roches stériles, les masses calaminaires affectent une structure brèchiforme très-prononcée. Ce sont des fragments anguleux de schiste, d'argile endurcie, appartenant évidemment aux roches encaissantes et dont

la présence jusque dans les masses centrales démontre
que ce gîte est d'origine postérieure.

Le gîte de la Vieille-Montagne n'est pas isolé dans la
contrée; dans des positions identiques, c'est-à-dire vers
le contact des schistes et des calcaires carbonifères, tantôt
dans un des deux terrains, tantôt dans l'autre, quelquefois dans les deux à la fois, on trouve de nombreux indices
et quelquefois d'autres gîtes calaminaires, toujours disposés entre les plans de stratification.

La teneur en zinc est également variable dans des limites
très-distantes. Le minerai de la Vieille-Montagne, exploité à ciel ouvert, presque sans distinction, sort par un
simple triage au titre de 35 pour 100 de zinc. A Engis, le
minerai trié et lavé pour le débarrasser de l'argile contient encore 25 pour 100. Il a 10 pour 100 à Huy, et, en
beaucoup de points, il contient à peine quelques cen-
tièmes, les oxydes de fer venant, en quelque sorte, éli-
miner le silicate et le carbonate de zinc. Sur beaucoup de
points, et notamment à Engis, Stolberg, Corfali, la calamine contient souvent des sulfures, tels que la blende, la
pyrite de fer, le cuivre pyriteux; on y trouve en outre de
l'oxyde de manganèse et de la galène.

CHAPITRE XIII.

GITES MÉTALLIFÈRES DE LA FRANCE.

Si on applique à la constitution géologique de la France les principes généraux énoncés sur la distribution des gîtes métallifères, on voit tout d'abord que ces gîtes ne peuvent rationnellement être cherchés que dans cinq districts composés de roches de transition et accidentés par les roches ignées des diverses périodes géognostiques. Ces cinq districts sont : 1° la pointe de Bretagne, 2° le massif des Vosges, 3° le plateau de la France centrale, 4° les Pyrénées, 5° les Alpes.

L'importance de ces gîtes ne répond pas à l'étendue des cinq districts ; ce n'est pas qu'ils soient rares ou peu puissants, mais parce que leur richesse est assez généralement au dessous de celle des gîtes de même nature exploités dans les pays voisins. Néanmoins, le développement de notre industrie a compensé en quelques points cette infériorité générale, et plusieurs mines ont pu résister aux concurrences extérieures.

Massif de la Bretagne. — Il présente les plus grandes analogies de configuration et de composition avec le Cornouailles ; mais les gîtes métallifères n'y ont pas la même importance ; les filons d'étain et de cuivre n'existent plus, et l'on n'y trouve plus que des gîtes de galène argentifère et de blende. — Ils sont représentés sur une échelle assez large par des filons puissants, dont le minerai principal est la galène plus ou moins argentifère, et dont les minerais annexés sont le plomb carbonaté et phosphaté, des erres ocreuses argentifères et la blende. Les plus riches de ces filons sont situés près de Morlaix, à Poullaouen et à Huelgoat ; l'administration des mines y a fait exécuter des travaux considérables. Le filon de Poullaouen, dirigé du Nord 22°, O. au Sud 22 degrés Est, coupe les couches de grauwacke en plongeant de 45 degrés vers le Nord-Est; sa direction a été suivie par les travaux souterrains sur une longueur de 1500 mètres, et son inclinaison jusqu'à une profondeur verticale de 250 mètres. Ce filon est très-ramifié, et on a exploré jusqu'à cinq de ses branches, dont la puissance est de 3 à 5 mètres; la somme des écartements du terrain est donc de 15 à 20 mètres. Les roches encaissantes sont en très-grande proportion dans le filon, qui, en certains points, a l'apparence d'un filon en stockwerk. On a reconnu près de là quelques filons de composition analogue, et, dans les schistes argileux d'Huelgoat, on exploite encore un filon puissant qui a été reconnu sur 1000 mètres de direction et 270 mètres de profondeur. Ce filon plonge de 70 degrés vers le Nord-Est et donne aujourd'hui des produits supérieurs à ceux de Poullaouen, car on y trouve non-seulement de la galène argentifère, mais encore les terres rouges et ocreuses contenant 1/1000 d'argent à l'état natif et à l'état de chlorure. Le produit annuel de ces mines est de 3000 quintaux métrique de plomb et 1400 kilog. d'argent.

Massif des Vosges. — Il est de tous les districts métallifères de France celui qui pourrait présenter le plus de chances à des travaux de reprises. Les gîtes de plomb argentifère, à la fois nombreux et puissants, y forment le trait principal de la richesse métallique. Ces gîtes, ouverts de temps immémorial, fournissaient encore des produits considérables dans le courant du siècle dernier; ils sont aujourd'hui presque tous abandonnés par suite de l'envahissement des eaux, et l'on ne pourrait y rentrer avec profit qu'après des dépenses assez considérables.

Les environs de Sainte-Marie-aux-Mines renferment un grand nombre de filons de galène argentifère, dont le principal est celui de Lacroix, célèbre par sa puissance, qui est de 20 mètres, et par des exploitations de plusieurs siècles poussées sur une étendue de plus de 4 kil. Ce filon de Lacroix-aux-Mines traverse la montagne de Saint-Jean à 16 kil. de Sainte-Marie; il court N.-S., inclinant un peu à l'E., à peu près parallèlement à la jonction du gneiss et de la montagne de syénite qui le sépare des filons de Sainte-Marie. La masse du filon est principalement formée de débris de toute espèce et le minerai y affecte des allures très-variables, tantôt disséminé en veines de 0^m10 à 0^m20 et jusqu'à 1^m de puissance, qui soudent ces débris entre eux, les traversent et forment ainsi une sorte de stockwerk; d'autres fois, rassemblé en nœuds et en amas. Ce minérai consiste en galène argentifère et en plusieurs minerais annexés, tels que le phosphate de plomb, l'argent rouge, l'argent natif; la galène contient en moyenne 1/1000 d'argent. Les travaux réguliers suivis jusqu'à la limite de l'écoulement naturel des eaux par une galerie n'ont été poussés qu'à une faible profondeur au-dessous des vallons voisins. Ce filon a eu des périodes extrêmement productives; on a trouvé beaucoup d'argent natif dans sa partie supérieure; on en cite des morceaux de 30 kil. et au delà. En 1756 il fournissait encore 12,000 quint. mét. de plomb et 1460 kil. d'argent. — Près de Sainte-Marie, les filons de galène argentifère sont nombreux, mais moins puissants; ils traversent les gneiss, et leur direction E.-O. incline un peu au N. Deux d'entre eux ont été exploités sur une grande longueur; ce sont ceux de Sarlatte et de l'Espérance.

Sur la croupe méridionale des Vosges, Giromagny est un autre centre de filons métallifères qui ont été l'objet d'exploitations actives qui, après avoir été abandonnées, sont actuellement reprises. Ces filons traversent, suivant la direction N.-S., des schistes argileux et des porphyres. A Saint-Jean-d'Auxel, il existe un faisceau de trois filons, courant l'un sur midi, le second vers onze heures, le troisième vers dix, dont la gangue est de quartz et de chaux carbonatée, tenant de la galène argentifère disséminée. Les travaux ont été très-considérables en ce point, et étagés sur une hauteur de 800^m; ils étaient encore ouverts en 1779.

L'ensemble du massif des Vosges présente donc deux systèmes de filons; l'un, dirigé N.-S., comprend les principaux filons de galène argentifère ; l'autre, dirigé à peu près E.-O., comprend, outre des filons de galène, un grand nombre de filons à gangues de quartz, chaux carbonatée et spath fluor ; ils sont caractérisés comme minerais par le cuivre gris, la galène argentifère, l'argent sulfuré, le cobalt arsenical, l'arsenic natif et des pyrites quelquefois aurifères.

Plateau de la France centrale. — Il renferme un très-grand nombre de filons de galène argentifère. Beaucoup de ces filons ont été exploités; deux centres d'extraction subsistent encore : l'un à Pont-Gibaud (Puy-de-Dôme), l'autre à Vialas et Villefort (Lozère). Les principaux filons exploités autour de Pont-Gibaud sont contenus dans un terrain de stéaschistes et de micaschistes ; leur puissance moyenne est d'un mètre, leur direction est N.-S.

La série de ces filons, qui comprend aussi plusieurs époques, commence aux exploitations d'antimoine d'Engle, se continue par des filons cuprifères parallèles signalés par M. Fournet, au pied de la montagne de Bauson, par les filons de galène argentifère qui ont été exploités à Roure, Rosier-Mioche, Blot-l'Église, et par ceux de Pranal, Barbecot, de Combres, etc., qui suivent également la même direction N.-S. Les filons de l'Auvergne présentent encore une association remarquable avec des porphyres identiques aux porphyres métallifères de tant d'autres régions. Ces porphyres se retrouvent constamment le long de la bande métallifère ; ils traversent les granites et les schistes sous forme de dykes qui marchent avec les filons. Un des filons de Pranal a pour épontes, d'un côté le micaschiste, de l'autre le porphyre, fait qui indique l'antériorité de ces porphyres, qui sont, en effet, croisés plusieurs fois par les filons avec lesquels ils marchent. — Les filons de cette contrée ont pour gangue principale des débris du toit et du mur, des matières argileuses et le sulfate de baryte ; la galène y est à petites facettes, et contient $\frac{1-2}{1000}$ d'argent. On y rencontre quelques substances subordonnées, telles que le plomb carbonaté et phosphaté, la blende, la bournonite.

Les mines de Vialas et Villefort comprennent une douzaine de filons dont les directions différentes annoncent plusieurs époques de formation. Ces filons sont réunis en faisceau au contact du gneiss et du granite ; l'ensemble du terrain métallifère fait partie du manteau de gneiss et micaschiste qui entoure les sommités granitiques du Mont Lozère. Les gangues des filons sont le quartz, la chaux carbonatée et la baryte sulfatée ; la galène argentifère y est disséminée en rognons, mélangée de pyrite cuivreuse et de blende. La fonderie de Villefort ne fournit guère aujourd'hui que 500 kil. d'argent et 1000 quintaux de plomb ou litharge.

Dans l'ensemble de cette contrée, la classe des filons antimonifères paraît très-distincte par son âge et sa composition. Elle est représentée par des filons à gangues quartzeuses, dont la puissance dépasse rarement un mètre, et dans lesquels le sulfure d'antimoine se montre seul comme minerai. Ces filons s'isolent en outre par des directions et des inclinaisons spéciales. Leur composition est simple ; le minerai y est accumulé en veines, nodules cristallins, druses, etc., plutôt que disséminé ; les minerais associés, qui sont d'ordinaire des oxydes d'antimoine, paraissent y résulter d'épigénies et de transports moléculaires postérieurs à leur formation.

A Vaulry, près de Limoges, il y a quelques petits filons d'étain dont l'exploitation a été tentée à diverses reprises. Les gîtes de contact ont eu sur quelques points une importance plus grande que celle des filons. Ces gîtes de contact ont pour siége principal les arkoses et les couches marneuses qui appartiennent au lias. Les mines de Chessy, aujourd'hui épuisées, étaient ouvertes sur un gîte placé au contact du granite et de ce terrain de lias : ce point de contact contenait des amas de pyrite cuivreuse, de cuivre carbonaté et oxydé, dont l'exploitation a été des plus avantageuses. Les amas de manganèse oxydé de Romanèche sont dans une position géognostique analogue, et les petits amas de galène, calamine ou blende, qui existent dans les calcaires magnésiens du lias, aux environs de Figeac, Villefranche, Lardin, appartiennent aussi à cette classe de gîtes. Enfin, le chrome oxydé, disséminé dans les arkoses des Ecouchets, en offre encore un exemple intéressant.

Chaîne des Pyrénées. — Elle n'offre que de faibles ressources en filons métallifères, mais il y existe un grand nombre de gîtes de fer oxydé ou de fer carbonaté qui alimentent les forges catalanes. Le plus important de ces gîtes est celui de Rancié, près de Vicdessos, qui entretient à lui seul environ 60 foyers catalans, et qui est exploité depuis plus de 600 ans.

La masse du Canigou présente la génération des gîtes de fer spathique sur une échelle plus grande encore. Une roche granitique a percé au milieu des terrains stratifiés, et la zone ellipsoïde, d'environ 16 kilomètres de diamètre, suivant laquelle a lieu le contact des deux espèces de roches, renferme des gîtes nombreux de fer carbonaté et de fer oxydé. Telle est la loi de groupement des mines de Batère, de Rocas-Negros, de la Droguère, d'Olette, de Fillols, de Vellestavia, Saint-Martin, etc., qui forment des amas, veines ou filons, tous coordonnés d'après ce principe.

Il y a peu de chose à dire sur les autres gîtes métallifères des Pyrénées ; les plus remarquables sont : les mines de cuivre de Baigorry (Basses-Pyrénées) et celles de plomb argentifère d'Aulus, dans la vallée d'Erce (Ariége). Ces mines ont été abandonnées après avoir été ouvertes à diverses reprises.

Dans les environs de Foix, de Pamiers et de Saint-Girons, il y a des sables et des terres aurifères. Avant la découverte de l'Amérique, la cueillette de la poudre d'or dans l'Ariége donnait lieu à une industrie importante et qui datait de temps immémorial. Depuis l'an 1500, cette industrie a successivement diminué. Aujourd'hui, la cueillette n'occupe plus que quelques paysans.

Alpes françaises. — Les seuls gîtes actuellement exploités sont les amas de fer spathique, gîtes de contact, qui se trouvent entre la vallée de la Romanche et celle de l'Arc. Les mines les plus productives de ce groupe sont celles des environs d'Allevard.

La vallée de l'Oisans présente cependant de véritables filons qui ont été exploités. Le petit filon de la Gardette, commune de Villard-Eymond, composé de quartz, contenant de la pyrite de fer et de l'or natif, est remarquable par sa régularité ; sa puissance n'est que de 0^m30 et il a été suivi sur plus de 300 mètres. Les recherches suivies de quelques tentatives d'exploitation ont eu lieu au commencement de 1700, en 1733, en 1765 et en 1770. Exploitation faible de 1781 à 1787, pendant laquelle on a dépensé 27 371 francs. La recette en or et en cristaux de roches a été de 8000 francs. Cette mine a été reprise en 1837, et abandonnée de nouveau.

Le gisement le plus intéressant de ce district, celui qui a donné lieu aux travaux les plus développés, est le gîte d'Allemont, situé dans la montagne des Chalanches, à 2 myr E. de Grenoble. Cette montagne est composée de schistes talqueux et amphiboliques, enclavant des couches calcaires, et surmontant des granites qui en forment la base. Des galeries furent ouvertes à 2100^m de hauteur dans un filon très-irrégulier, ou plutôt dans une série de cavités et de fissures traversant une roche quartzeuse micacée qui fait partie du terrain schisteux dont les couches inclinent au S.-O. Ces gîtes sont irréguliers comme l'allure du terrain et la marche de leurs accidents porte à croire qu'ils ont été produits par les causes qui ont accidenté les Alpes françaises. Découverte et exploitée en 1768 et abandonnée depuis 1815 par suite de la mort du concessionnaire. L'exploitation, qui a duré 46 ans, a produit 42 525 marcs d'argent. La recette totale a été de 2 296 367 fr. La dépense totale a été de 2 415 317 fr., le déficit de 115 650 fr. Tous les rapports s'accordent sur les avantages de la reprise de cette mine, pourvu qu'on y applique des capitaux suffisants.

La gangue du gîte est argileuse et variée par cette multitude de substances qui caractérisent les montagnes de l'Oisans et dont on retrouve des échantillons dans les collections minéralogiques. Ce sont : la chaux carbonatée dont on a compté treize variétés, la chaux carbonatée manganésifère, la chaux sulfatée, la baryte sulfatée, le quartz hyalin, enfumé ou laiteux, le jaspe, plusieurs variétés de grenat, le feldspath, l'axinite, l'épidote, l'actinote, l'asbeste, le talc, la chlorite. Tous ces minéraux servent de gangue à l'argent natif, à l'argent sulfuré, accompagné d'un grand nombre de substances métallifères, telles que la galène argentifère, le cobalt gris, le cobalt arséniaté et arsenical argentifère, le nickel arsenical, l'arsenic, l'antimoine natif, le cuivre sulfuré, le cuivre carbonaté, le cuivre gris, l'oxyde de manganèse, enfin le mercure sulfuré et natif.

Principaux marchés métallifères. — On sait que l'exploitation des mines métalliques n'a pas seulement pour but de fournir un appât à la cupidité humaine ; elle donne lieu à une double industrie souterraine et métallurgique, et fournit de plus au commerce des éléments d'opérations aussi variés que nombreux.

En France on nomme Paris, Marseille, le Havre, Nantes et diverses places de l'intérieur comme Lyon, Saint-Dizier, Saint-Étienne, mais ces derniers pour le fer, la fonte et l'acier seulement. Nous ne citerons pas les lieux directs de production, tels que le Creuzot, Alais, etc.

En Angleterre, c'est Swansea et Liverpool qui sont les grands entrepôts du cuivre ; Glascow et les ports du pays de Galles, ceux de la fonte et du fer ; Sheffield, celui du fer et de l'acier ; Londres, celui de tous les métaux.

En Hollande, Rotterdam, Amsterdam, pour l'étain ; dans les villes hanséatiques, Hambourg ; en Prusse, Cologne, Berlin, Stettin, Breslau, surtout pour le fer, le cuivre, le zinc, le plomb.

La Suède est citée pour ses marchés de fer. Dans la Russie d'Europe et en Sibérie, il y a aussi divers marchés pour le cuivre et le fer, sans compter Nijni-Novgorod, où se tient chaque année une foire célèbre, dans laquelle les métaux bruts entrent pour une grande part.

En Espagne, c'est Carthagène, Almeria, Adra pour le plomb ; Almaden pour le mercure ; Santander pour le zinc.

Le négoce des minerais et des métaux se fait aujourd'hui sur de nombreux marchés. Aux États-Unis, on peut citer New-York et d'autres places pour le fer ; Boston, Pittsburg, pour le cuivre ; Galena, Chicago, pour le plomb ; San-Francisco pour l'or, l'argent et le mercure. Au Mexique, c'est Mazatlan, San-Blas, Acapulco, la Vera-Cruz, et au Pérou, Callao pour l'argent ; au Chili, Huasco, Copiapo et Coquimbo, pour l'argent et le cuivre ; au Brésil, Rio-Janeiro et Bahia pour l'or.

Comme on le voit, les plus grandes places de commerce sont presque partout les plus grands marchés de minerais et de métaux. Cela ne doit pas nous étonner, car il est facile de s'expliquer le rôle des métaux précieux et la fonction des métaux communs dans le développement de la richesse publique.

FIN.

TABLE DES MATIÈRES

Typographie Lahure, rue de Fleurus, 9, à Paris.

NOUVELLES PUBLICATIONS
RÉDIGÉES CONFORMÉMENT AUX PROGRAMMES OFFICIELS
POUR L'ENSEIGNEMENT SECONDAIRE SPÉCIAL
(Tous les volumes ci-après sont imprimés dans le format in-12 et cartonnés)

LANGUE FRANÇAISE.

Grammaire de l'enseignement secondaire spécial, par M. Sommer. 1 vol. 1 fr. 50 c.

Lectures ou dictées, par M. Lellon-Damiens (année préparatoire et 1ʳᵉ année). 2 volumes :
  Tome I, contrées agricoles. 1 fr. 50 c.
  Tome II, contrées commerciales. 1 fr. 50 c.

Premiers principes de style et de composition, par M. Pellissier (2ᵉ année). 1 vol. 1 fr. 50 c.

Morceaux choisis des classiques français (prose et vers), adaptés au précédent ouvrage. 1 vol. 1 fr.

Principes de rhétorique française, par M. Pellissier (3ᵉ année). 1 vol. 2 fr. 50 c.

Morceaux choisis des classiques français (prose et vers), adaptés au précédent ouvrage. 1 vol. 2 fr.

Textes classiques de la littérature française, extraits des grands écrivains français, avec notices biographiques et bibliographiques, appréciations littéraires et notes explicatives, par M. Demogeot (3ᵉ année). 2 vol. 4 fr. 50.

GÉOGRAPHIE ET HISTOIRE.

Géographie de la France, par M. Richard Cortambert (année préparatoire). 1 vol. 90 c.
  Atlas correspondant (12 cartes). 2 fr. 50 c.

Géographie des cinq parties du monde, par M. E. Cortambert (1ʳᵉ année). 1 vol. 1 fr. 50 c.
  Atlas correspondant (37 cartes). 6 fr.

Géographie agricole, industrielle, commerciale et administrative de la France et de ses colonies, par le même auteur (2ᵉ année). 1 vol. 2 fr.
  Atlas correspondant (22 cartes). 4 fr.

Géographie commerciale des cinq parties du monde, par M. Richard Cortambert (3e année). 1 v. 3 fr.
  Atlas correspondant. Grand in-8. »

Simples récits d'histoire de France, par MM. Ducoudray et Feillet (année préparatoire). 1 vol. avec gravures. 2 fr.

Simples récits d'histoire ancienne, grecque, romaine et du moyen âge, par les mêmes (1ʳᵉ année). 1 vol. 2 fr. 50 c.

Histoire de la France depuis l'origine jusqu'à la Révolution française, et grands faits de l'histoire moderne de 1455 à 1789, par M. Ducoudray (2ᵉ année). 1 vol. 2 fr. 50 c.

Histoire de France et histoire générale depuis 1789 jusqu'à nos jours, par le même auteur (3ᵉ année). 1 vol. 2 fr. 50 c.

Histoire moderne et contemporaine, depuis 1643 jusqu'à nos jours (4ᵉ année). 1 vol. 4 fr. 50.

LÉGISLATION, MORALE, INDUSTRIE, ÉCONOMIE POLITIQUE.

Éléments de législation usuelle, par M. Delacourtie, avocat, docteur en droit (3ᵉ année). 1 vol. 2 fr.

Éléments de législation commerciale et industrielle, par le même auteur (4ᵉ année). 1 vol. 3 fr.

Éléments de morale, par M. A. Franck, membre de l'Institut (3ᵉ et 4ᵉ années). 1 vol. 2 fr.

Les grandes inventions modernes, par M. L. Figuier (4ᵉ année). 1 vol. 1 fr. 50.

Cours d'économie rurale, industrielle et commerciale, par M. Levasseur (4ᵉ année). 1 vol. 3 fr.

ARITHMÉTIQUE ET COMPTABILITÉ.

Éléments d'arithmétique, par M. Pichot (année préparatoire et 1ʳᵉ année). 1 vol. 2 fr. 50 c.

Arithmétique élémentaire, par M. Bovier-Lapierre (année préparat. et 1ʳᵉ année). 1 vol. 2 fr. 50 c.

Traité d'arithmétique commerciale, par M. Bovier-Lapierre (2ᵈ année). 1 vol. 1 fr. 50 c.

Cours d'arithmétique commerciale, par M. E. Jeanne (2ᵉ année). 1 vol. 3 fr.

Cours de comptabilité, par M. Courcelle-Seneuil (1ʳᵉ, 2ᵉ, 3ᵉ et 4ᵉ années). 4 vol. Chaque volume, 1 fr. 50 c.

GÉOMÉTRIE, TRIGONOMÉTRIE, ALGÈBRE, GÉOMÉTRIE DESCRIPTIVE.

Géométrie, par M. Saint-Loup :
  Année préparatoire (géométrie plane), 1 fr.
  Première année (géométrie plane), 2 fr.
  Deuxième année (géom. dans l'espace). 1 fr. 50.

Principes d'algèbre, par MM. H. Sonnet et E. Jeanne (3ᵉ et 4ᵉ années). 1 vol. 2 fr. 50 c.

Cours élémentaire de géométrie descriptive, par M. Kises (3ᵉ et 4ᵉ années). 2 vol. 5 fr.

Traité élémentaire de trigonométrie rectiligne, par M. Bovier-Lapierre (4ᵉ année). 1 v. in-8. 2 fr. 50.

Notions élémentaires de trigonométrie rectiligne, par M. Besodis (4ᵉ année). 1 vol. 1 fr. 50 c.

Notions élémentaires sur les courbes usuelles, par le même (4ᵉ année). 1 vol. 1 fr. 50.

HISTOIRE NATURELLE, PHYSIQUE, CHIMIE, MÉCANIQUE, COSMOGRAPHIE.

Notions élémentaires d'histoire naturelle : Zoologie, Botanique, Géologie, par MM. Gervais, Marchand et Raulin :
  Année préparatoire. 1 vol. 3 fr.
  Première année. 1 vol. 3 fr. 50.
  Deuxième année. 1 vol. 4 fr. 50.
  Troisième et quatrième années. 2 vol.

Éléments de zoologie, par M. Gervais :
  Année préparatoire. 1 vol. 1 fr. 25.
  Première année. 1 vol. 1 fr. 25.
  Deuxième et troisième années. 1 vol. 2 fr. 50.
  Quatrième année. 1 vol.

Éléments de botanique, par M. Marchand :
  Année préparatoire. 1 vol. 1 fr. 25 c.
  Première année. 1 vol. 1 fr. 50.
  Deuxième année. 1 vol. 1 fr. 50.
  Troisième et quatrième années. 1 vol. 3 fr.

Éléments de géologie, par M. Raulin :
  Année préparatoire. 1 vol. 1 fr. 25.
  Première année. 1 vol. 1 fr. 25.
  Deuxième année. 1 vol. 1 fr. 25.
  Troisième année. 1 vol. 1 fr. 50.
  Quatrième année, par MM. Marié-Dary et Sonrel. 1 vol. 1 fr. 80.

Cours élémentaire de physique, par M. Gossin :
  Première année. 1 vol. 3 fr.
  Deuxième année. 1 vol. 3 fr.
  Troisième année. 1 vol. 3 fr.
  Quatrième année. 1 vol. 3 fr.

Éléments de chimie, par MM. Dehérain et Tissandier.
  Première année. 1 vol. 1 fr. 50.
  Deuxième année. 1 vol. 2 fr. 50.
  Troisième année. 1 vol. 3 fr.
  Quatrième année. 1 vol. 2 fr. 50.

Cours de mécanique, par M. Ed. Collignon, répétiteur à l'École polytechnique :
  Troisième année, 1ʳᵉ partie (Cinématique). 1 vol. 1 fr. 80.
  Troisième année, 2ᵉ partie (Statique). 1 v. 2 fr. 20.
  Quatrième année (Dynamique). 1 vol.

Éléments de cosmographie, par M. Amédée Guillemin (3ᵉ année). 1 vol. 3 fr. 50.

Typographie Lahure,

www.ingramcontent.com/pod-product-compliance
Ingram Content Group UK Ltd.
Pitfield, Milton Keynes, MK11 3LW, UK
UKHW021227140726
13695UKWH00002B/795